PLOMBERIE

EAU - ASSAINISSEMENT

FOSSES SEPTIQUES

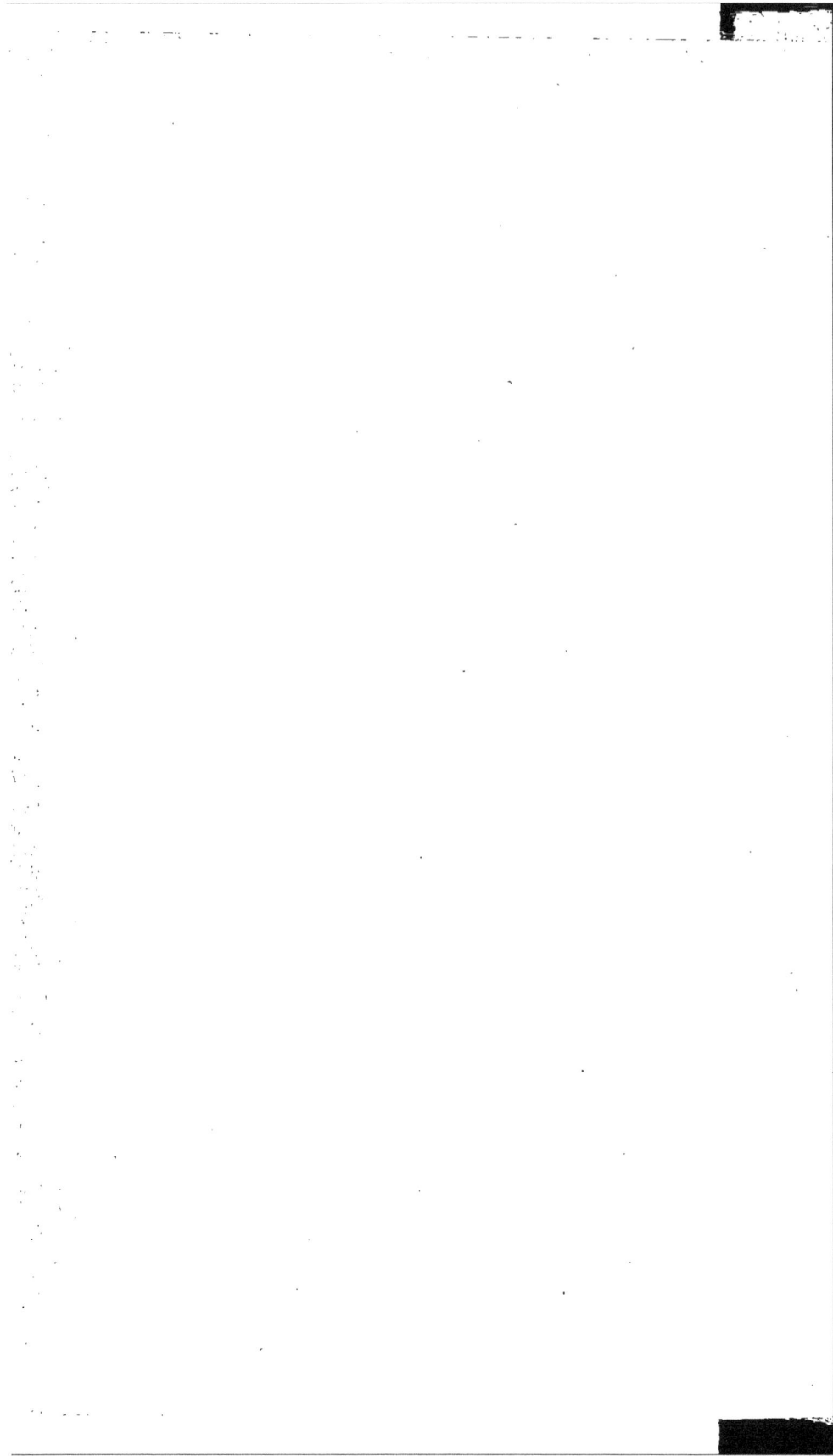

NOUVELLE ENCYCLOPÉDIE PRATIQUE
DU BATIMENT ET DE L'HABITATION
RÉDIGÉE PAR
René CHAMPLY, Ingénieur
avec le concours d'Architectes et d'Ingénieurs spécialistes

DOUZIÈME VOLUME

Plomberie
Eau, Assainissement
Fosses septiques

AVEC 242 FIGURES DANS LE TEXTE

PARIS
LIBRAIRIE GÉNÉRALE SCIENTIFIQUE ET INDUSTRIELLE
H. DESFORGES
29, QUAI DES GRANDS-AUGUSTINS, 29

PRÉFACE

L'alimentation en eau potable et l'évacuation des eaux usées, avec les matières déjectives de l'homme et des animaux domestiques, sont les deux bases de l'hygiène moderne. C'est grâce aux progrès de la science des microbes et de la chimie, qui permet de détruire ces infiniments petits, que la durée moyenne de la vie de l'homme a pu être augmentée considérablement.

Il faudrait un très gros volume pour traiter à fond ces questions si complexes et si abondantes ; nous avons dû nous résigner à n'en donner ici qu'un résumé, que nous avons fait aussi complet que possible, en mentionnant les découvertes et les méthodes les plus récentes concernant la *recherche des eaux potables*, l'*installation des salles de bains*, les *vidanges* et les *fosses septiques*, les *canalisations*, etc.

Nous avons publié au sujet du captage et du puisement des eaux par les pompes et la force motrice, le livre de *La Force Motrice et l'Eau à la Campagne*, auquel nous renverrons nos lecteurs pour l'emploi des moteurs, qui sont le plus souvent indispensables quand on habite hors d'une ville et qu'il n'existe pas de service public de distribution d'eau.

Dans le présent volume de cette Encyclopédie, nous avons cherché à traiter les questions de l'eau et de la salubrité domestique d'une manière très générale, qui puisse être un document utile aussi bien au citadin qu'à l'habitant des campagnes.

Les questions de l'épuration, du filtrage des eaux et l'hygiène de l'habitation seront traitées dans le 13e volume de cette Encyclopédie.

R. C.

Nouvelle Encyclopédie Pratique
DU BATIMENT ET DE L'HABITATION

CHAPITRE PREMIER

ORIGINES DES EAUX

L'eau s'élève des océans et des *mers* sous forme de *vapeurs*, forme les *nuages* qui, chassés par le vent, viennent se condenser en *pluie* au-dessus des continents. L'eau coule le long des pentes en *ruisseaux*, *rivières* et *fleuves* ; elle s'infiltre dans le sol pour créer des *sources* souterraines que l'homme va chercher au moyen de *puits* plus ou moins profonds.

Enfin on recueille l'eau de pluie dans des *citernes* ou des *mares*.

L'eau stagnante des marécages peut même servir à l'alimentation si elle est convenablement épurée et stérilisée. Quelle que soit l'origine d'une eau il est bon de la faire analyser au point de vue bactériologique avant de s'en servir comme boisson. Spécialement, doivent être considérées comme suspectes les eaux qui séjournent à la surface du sol ou celles qui proviennent d'infiltrations peu profondes; au contraire, les eaux des sources jaillissantes et celles des sources profondes sont généralement exemptes de microbes dangereux.

Nous donnerons, volume 13, les moyens de reconnaître les eaux potables et d'épurer celles qui sont mauvaises ou douteuses.

CHAPITRE II

CITERNES

Les *citernes*, destinées à conserver, pour la consommation, l'eau potable qui provient des toitures, sont des fosses *étanches* et couvertes généralement d'une voûte en pierre. Elles doivent être précédées d'un *citerneau* d'une contenance de 2 à 3 mètres cubes dans lequel l'eau se repose ou même se filtre sur du sable ou du charbon concassé, ainsi qu'il sera dit plus loin.

On estime qu'avec une chute d'eau annuelle de 0 m. 600 d'eau pluviale, il faut à la campagne :

10 mètres carrés de toiture	par homme.
50 —	—	par cheval.
30 —	—	par bœuf.
3 —	—	par mouton ou porc.

Une citerne de 120 mètres cubes suffit pour 2.000 mètres carrés de toitures.

Quand les toitures ne sont pas assez étendues pour fournir l'eau dont on a besoin, on peut capter l'eau qui tombe sur une prairie ou un verger en pente douce ; mais il faut entourer ce terrain d'une clôture empêchant les animaux d'y aller ; l'herbe doit être fauchée mais le terrain ne doit jamais être travaillé afin que la surface du sol reste *compacte* et *imperméable*.

Il faut, pour la bonne conservation de l'eau, l'obscurité et la température invariable de 10 à 12 degrés centigrades, qui règne dans les caves voûtées et les lieux souterrains abrités contre les ardeurs du soleil : cette température des eaux potables les fait paraître fraîches en été et chaudes en hiver.

Il faut que l'air puisse circuler dans les citernes et s'y renouveler pour l'aération de l'eau, dans le cas où la stagnation, si ce n'est la décomposition des matières organiques, lui ferait perdre tout ou partie de l'air dissous qu'elle doit contenir pour être de digestion facile. Pour faciliter cette aération, il faut agiter souvent l'eau ; aussi le puisage au seau vaut-il mieux que la pompe. Pour qu'une citerne soit bien disposée, il faut qu'elle soit *étanche*, inaccessible aux eaux du sol environnant et aux matières étrangères de toute sorte, pourvue d'un tuyau de trop-plein et, s'il est possible, d'un tuyau de vidange. On doit pouvoir la visiter et la nettoyer facilement. Il faut laisser les enduits durcir avant de se servir des citernes.

Il est bon de laver les enduits neufs en ciment avec de l'eau additionnée de cinq pour cent d'acide sulfurique. Le même traitement sera fait lors du curage des citernes.

Le filtrage des pluies, avant leur emmagasinage, est le plus sûr moyen d'empêcher l'eau de se corrompre. Au moyen âge, toute citerne un peu importante était, à cet effet, pourvue intérieurement d'une sorte d'auge en pierre, percée de trous sur les côtés et remplie de gravier et de menu charbon de bois, à laquelle on donnait le nom de citerneau. Ce citerneau était placé en élévation, à quelque distance au-dessus du plan d'eau supérieur correspondant au tuyau de trop-plein, au débouché du canal d'arrivée des pluies qu'il devait recevoir, et dans un endroit accessible. Ainsi se trouvaient retenus les détritus entraînés par les pluies, et l'eau était épurée sur le charbon. On sait que le charbon a la propriété d'enlever à l'eau sa mauvaise odeur. Celui de chêne est préférable à tout autre, parce qu'il est le plus consistant, le moins sujet à s'écraser et à faire de la pâte, qu'il livre le plus facilement passage aux liquides et qu'enfin il possède la vertu épurative la plus active. Un kilogramme de charbon suffit pour épurer un mètre cube d'eau.

A défaut du filtrage préalable, il faut au moins, si l'on dispose d'une surface de toitures plus grande qu'il n'est nécessaire pour obtenir la quantité d'eaux pluviales sur laquelle on compte annuellement, laisser s'écouler au dehors les premières pluies d'un orage, qui lavent les toits. Quand on ne peut pas perdre de l'eau ni la filtrer au préalable, il faut veiller à la propreté des toitures. Dans tous les cas, il est sage de filtrer les eaux de citernes destinées à la boisson, avant d'en faire usage. Celles provenant des toitures en zinc ou en plomb sont sujettes à caution. Cependant, quand ces métaux sont déjà vieux, leur patine laisse les eaux le plus souvent indemnes.

M. Munier, à Ciboure, a inventé un appareil très simple qui empêche automatiquement l'entrée dans la citerne des premières eaux tombées sur les toitures, ces premières eaux étant polluées par les poussières et les ordures des oiseaux qui tombent sur les toits et dans les gouttières. Cet appareil est représenté figure 1-A :

L'eau des toits *arrive* par les tuyaux H H ; un

système moteur, constitué par un flotteur F, fait déplacer une conduite C, oscillante autour d'un pivot T, qui, au début de la pluie, dirige les eaux dans

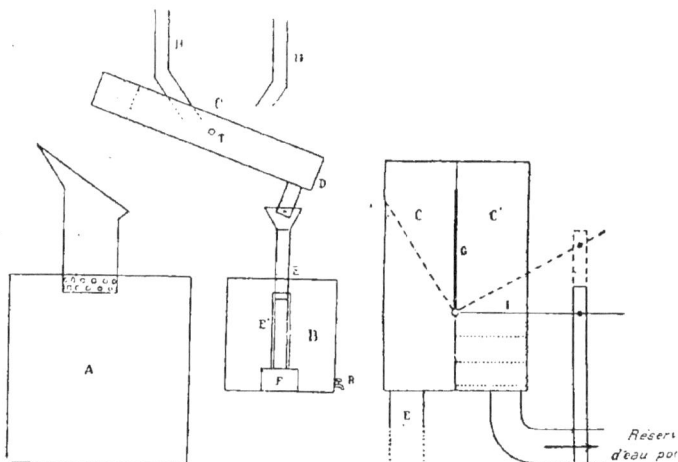

Le flotteur F est au fond de B qui est vide

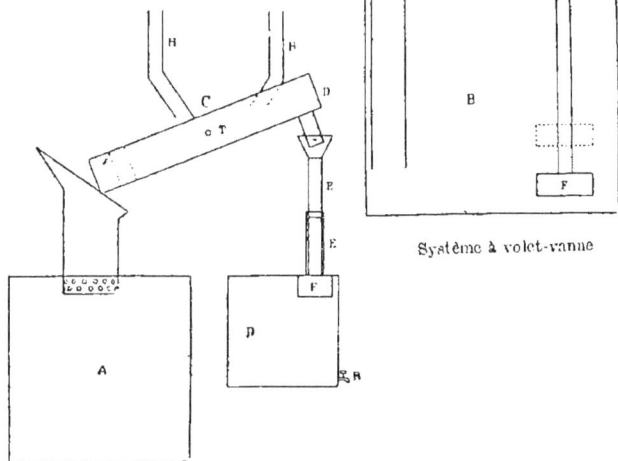

Système à volet-vanne

Il a plu : le flotteur a monté et le chéneau est dirigé vers A.

Fig. 1-A.

le réservoir B du flotteur ; lorsqu'une quantité suffisante d'eau pour nettoyer complètement les toits (quantité déterminée pour chaque cas particulier et *quel que soit le régime de la pluie*) est passée, le flotteur agit sur la même conduite afin d'envoyer les eaux

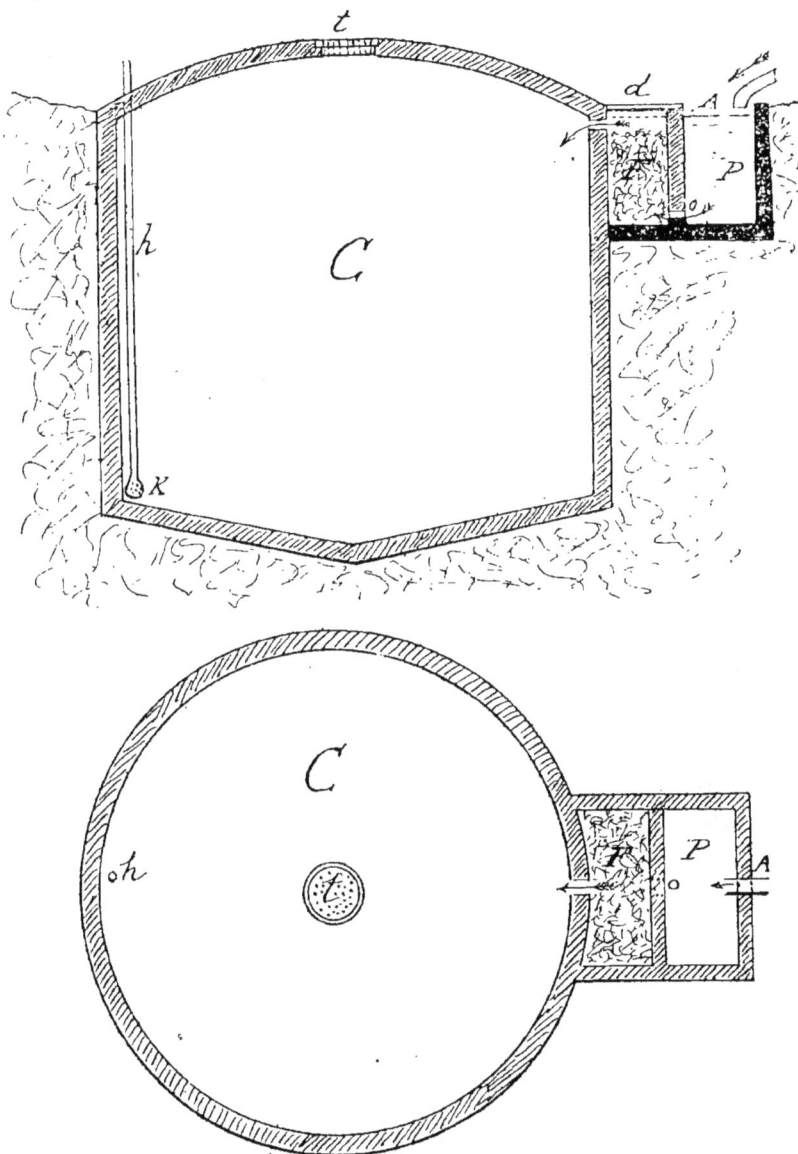

Fig. 1-B.

pures dans le réservoir à eau potable A. Dès que la
pluie cesse, la vidange du réservoir du flotteur, réglée

par un dispositif particulier, provoque la manœuvre nécessaire au retour de la conduite à sa position primitive, et le même cycle d'opérations se reproduit.

L'appareil, une fois réglé, fonctionne *automatiquement* sans que l'on soit obligé d'intervenir pour une manœuvre quelconque.

La vidange du réservoir B se fait par le petit robinet R qui laisse écouler peu à peu l'eau du réservoir B.

Un autre appareil de M. Munier emploie pour le même but un système de *volet-vanne*, commandé par un flotteur et dont le fonctionnement change la direction de l'eau dès que réservoir B est plein.

La figure 1-B montre une manière très simple de construire une bonne citerne C de forme *circulaire* ou *elliptique* en briques ou en pierres à bain de mortier de ciment, enduit de ciment. Le fond est en forme de cône renversé, de façon que les dépôts se rassemblent au milieu où on les ramasse facilement lors des curages. Le tuyau de puisage *h*, muni d'une crépine *k*, ne descend pas jusqu'au fond.

La voûte est muni d'un *trou d'homme* avec plaque de fonte ou de pierre *t percée de trous* pour aérer l'eau. Le *citerneau* est divisé en deux parties : dans la première P, l'eau se débourbe et passe ensuite par un trou O, percé dans la paroi à 0 m. 20 environ du fond, dans le deuxième compartiment F qui est rempli de charbon de bois *en morceaux* de la grosseur d'un œuf. L'eau se filtre *de bas en haut* et entre ensuite dans la citerne.

Les feuilles et morceaux de bois sont recueillis à la surface du puisard P qui est découvert, tandis que le filtre F est couvert d'une dalle mobile *d*. Le charbon ayant servi au filtrage peut être brûlé après qu'on l'a laissé sécher.

L'abbé Paramelle, dans son livre sur *L'Art de dé-*

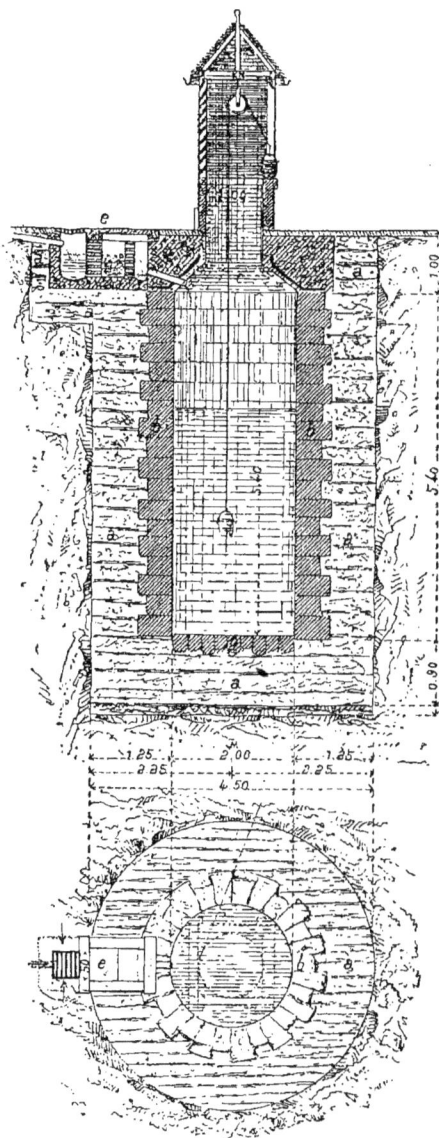

Fig. 1. — Citerne Paramelle accompagnée d'un citerneau filtrant
et répondant à une surface de toiture de 100 mètres.

a. Argile corroyée, disposée par couches. — *b.* Mur circulaire en
pierres siliceuses jointoyées au mortier de chaux hydraulique. —
c. Voûte en béton de chaux hydraulique. — *e.* Citerneau filtrant.
— *g.* Pavage au fond de la citerne.

couvrir les sources, conseille d'entourer les citernes d'un mur circulaire cimenté, et d'envelopper ce mur d'un *corroi* de terre glaise de 6 à 7 décimètres d'épaisseur.

La figure 1 représente une citerne construite sur les indications de l'abbé Paramelle, mais accompagnée d'un citerneau filtrant *e.* La contenance de la citerne est de 17 mètres cubes, répondant à une surface de toiture ou de sol de 100 mètres carrés, et le citerneau est disposé pour laisser passer sans entrave la quantité d'eau que cette surface peut lui fournir en temps d'orage.

Le corroi *a a* s'établit par couches de 0 m. 20 à 0 m. 30 d'épaisseur, avec la meilleure argile possible pilonnée fortement, de manière à ne laisser aucun vide dans l'argile.

Le fond de la citerne, sur lequel repose le mur circulaire *b b*, est formé de trois couches, préparées comme il vient d'être dit. Quand la citerne est terminée, on revêt ce fond d'argile d'un dallage ou d'un pavage cimenté.

Le mur doit être construit solidement, pour résister à la poussée du corroi qui l'entoure. On le monte par assises en même temps que ce dernier. Toute pierre dure peut servir, mais il faut donner la préférence aux matériaux siliceux. Le hourdis doit être fait en bon mortier de chaux hydraulique, et le parement visible assez lisse pour se laisser nettoyer facilement.

La voûte *c* peut se construire avec les mêmes matériaux que le mur circulaire ou en béton de ciment armé, pilonné dans un encaissement en planches et sur un cintre conique en planches.

Le mortier peut être composé d'un volume de ciment Portland pour trois de sable de rivière.

La figure 2 représente en plan et en coupe une

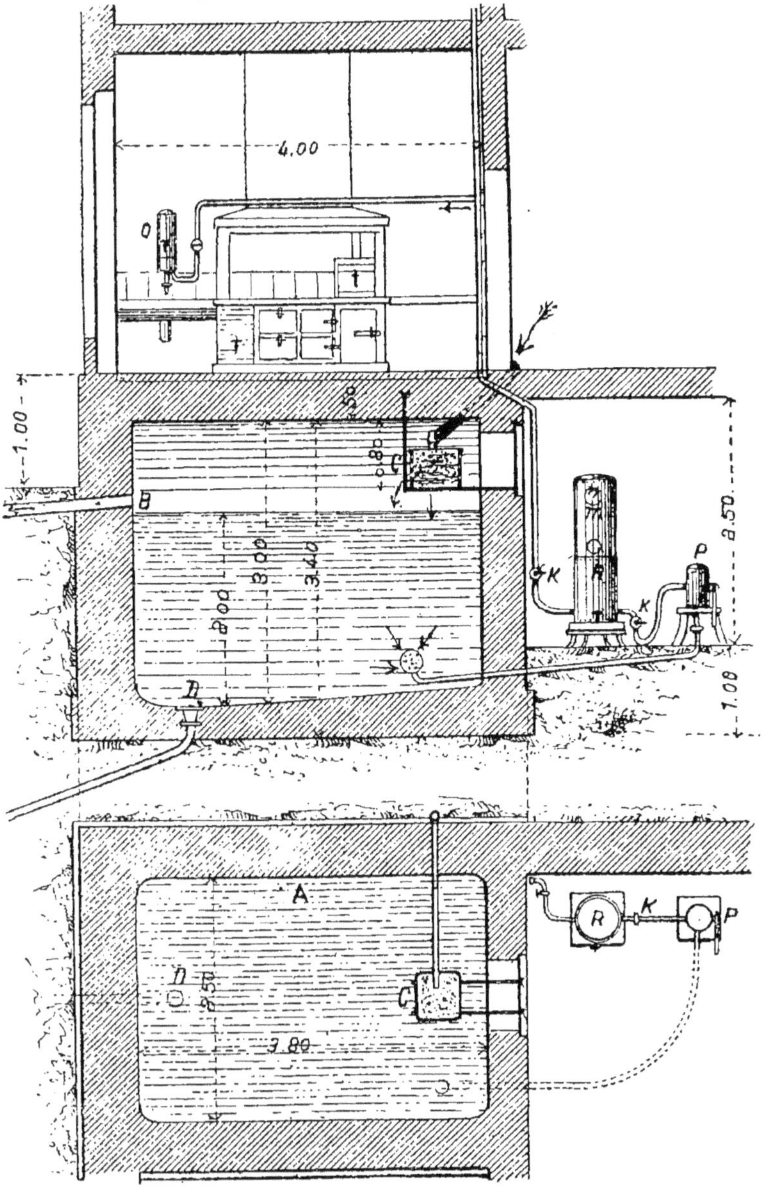

Fig. 2. — Citerne avec distribution d'eau par pression d'air.

A. Citerne pleine. — B. Trop-plein. — C. Caisse remplie de charbon, ou filtrante. — R. Réservoir-élévateur. — P. Pompe aspirante et foulante. — D. Bonde de fond et tuyau de vidange. — K. Clapets de retenue. — O. Petit réservoir-filtre. — L. Bouchon de remplissage. — m. Manomètre.

citerne A située en cave, construite en meulière et enduite en ciment.

Cette citerne, dont les dimensions répondent à une surface de bâtiment de 100 mètres carrés (environ 17 mètres cubes d'eau utilisable), est pourvue d'un trop-plein B et, s'il est possible, d'un tuyau de vidange D. Le tuyau de trop-plein est situé à la hauteur des naissances de la voûte, garni d'un clapet obturateur, et débouche dans le sol extérieur à une profondeur convenable pour éviter les gelées et pour pouvoir être conduit où l'on désire. Le tuyau de vidange aboutit à un puisard ; il est fermé par une bonde de fond munic d'un anneau pour faciliter son ouverture.

La citerne est accessible par une ouverture garnie d'un grillage ouvrant et à petites mailles. Sur l'appui de cette ouverture, aboutissent deux rails horizontaux en fer rond, espacés entre eux de 0 m. 35 et s'allongeant jusqu'à 1 mètre de distance, où ils se relèvent verticalement pour aller se sceller dans la voûte. Sur ces deux rails repose un bac en forte tôle galvanisée et goudronnée c cubique, de 0 m. 50 de côté, garni de glissières demi-rondes par dessous et de poignées par le haut, pour en faciliter la manœuvre. Il est placé sous l'extrémité du tuyau de descente des toits et percé sur ses quatre faces latérales, à partir de 0 m. 08 du fond, d'environ 250 trous de 0 m. 005 de diamètre, formant ensemble une section suffisante pour débiter les 3 litres d'eaux pluviales qui peuvent arriver par seconde en temps d'orage.

Dans ce bac, on mélange 17 kilogrammes de charbon cassé en morceaux de la grosseur d'une petite noix, avec du gros gravier en disposant les matières en forme d'entonnoir vers le centre du bac.

La distribution de l'eau de cette citerne, dans la

maison, se fait à l'aide d'un réservoir-élévateur à air comprimé B et d'une pompe à bras P.

La figure 3 est un type excellent de citerne, garnie d'un filtre, d'après M. Ch. Joly.

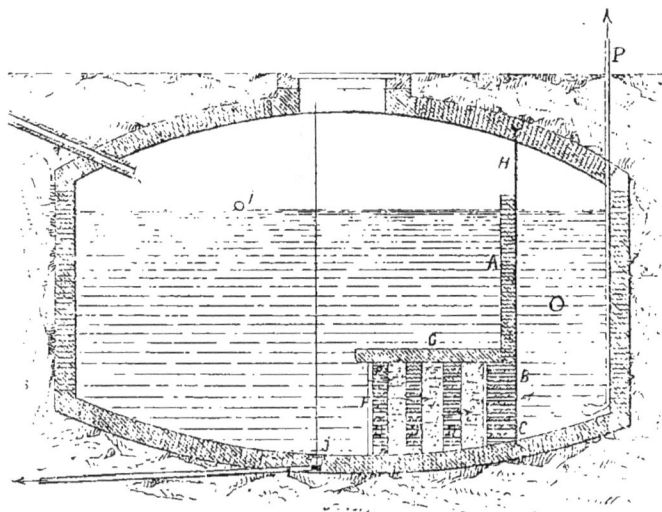

Fig. 3. — A. Mur en briques pleines. — BC, D, D, D. Petits murs en briques pleines, assemblées à sec pour laisser passer l'eau. — F. Pierre calcaire filtrante. — G. Tablette en pierre. — H. Barres de fer contrebutant le mur A. — j. Bonde de fond. — i. Trop-plein.

A est un mur en briques pleines bien lavées et jointoyées en ciment, de 0 m. 22 d'épaisseur, divisant la citerne en deux chambres au-dessous du plan d'eau supérieur, dont le niveau est déterminé par le trop-plein I. Il s'élève à 0 m. 10 au-dessus de ce trop-plein et laisse entre lui et la voûte un espace libre H. De B en C, au droit du filtre, ce mur est de 0 m. 33, mais en briques pleines grossièrement assemblées à sec pour laisser passer l'eau. Il s'appuie en entier contre des barres de fer scellées haut et bas, pour supporter la pression de l'eau non filtrée, qui s'exerce du côté A, quand le niveau de l'eau filtrée vient à s'abaisser dans la chambre qui lui est réservée et où plonge le tuyau d'aspiration d'une pompe. D, D, D, sont des petits murs en briques pleines de 0 m. 22 d'épaisseur, assem-

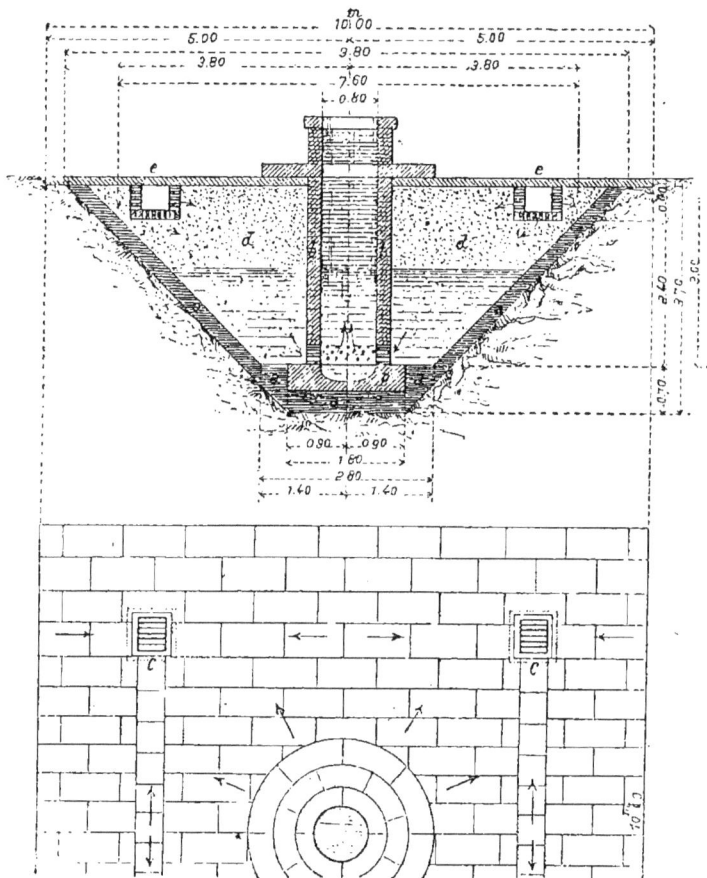

Fig. 4. — Citerne vénitienne.
a Couche d'argile. — *e* Puits en maçonnerie. — *c* Regard en pierre.
— *d* Sable. — *p* Pierre circulaire servant de base au mur *b*.

blées à sec pour laisser passer l'eau, comme il est dit précédemment ; ils sont espacés entre eux d'au moins 0 m. 20, pour faciliter le remplacement des matières filtrantes ; leurs deux rangs de briques du haut sont scellés en ciment, pour empêcher l'eau de glisser par-dessous la tablette G sans passer par le filtre. F est une pierre calcaire filtrante, de 2 à 3 centimètres

d'épaisseur, en un ou plusieurs morceaux soigneuse-
ment jointoyés. Dans la première case, du côté de
F, se trouve du gravier fin lavé ou du grès pilé; dans
la deuxième du charbon de chêne pilé, de la grosseur d'un pois; dans la troisième du sable fin. Le
tout est recouvert par des dalles étanches G, de
5 à 6 centimètres d'épaisseur, scellées en ciment
sur les petits murs et jointoyées entre elles, puis
reliées avec le mur par un solin, de manière à éviter
toute infiltration autrement que par les cases filtrantes. J est une bonde de fond, qu'il faut toujours
établir, quand le terrain le permet, pour faciliter la
vidange et le nettoyage annuel de la citerne. Ainsi
disposé, ce filtre peut fonctionner pendant deux ou
trois ans, surtout s'il ne reçoit pas les premières eaux
des toits.

La figure 4 représente une citerne vénitienne dans le
genre de celles de Venise, qui donnent une eau toujours très limpide, d'une grande fraîcheur et se con-
servant parfaitement.

Les matériaux constituants d'une citerne vénitienne sont l'argile pure, bien malaxée avant sa mise
en œuvre, et le sable siliceux de mer ou de rivière,
bien lavé.

On creuse le sol en forme de pyramide tronquée.
Les côtés en talus sont ordinairement inclinés à 45°.
A Venise, on ne descend qu'à 3 mètres, à cause de
l'état du sol, mais en terre ferme rien n'empêche
d'aller plus bas. On maintient le terrain environnant,
quand il est nécessaire, comme à Venise, à l'aide
d'un bâti en bon bois de chêne ou de larix s'appli-
quant sur toutes les faces de la fouille. Notre dessin
ne montre pas ce bâti, dont les dispositions varient
suivant les circonstances et qui est d'ailleurs indé-
pendant de la citerne proprement dite.

Sur ce bâti, on étend une couche générale d'argile (*a*, *a*...), dont l'épaisseur ne dépasse pas 0 m. 30. Cette épaisseur est suffisante pour résister à la pression de l'eau qui sera en contact avec elle, et aussi pour opposer un obstacle infranchissable aux racines des végétaux qui peuvent croître dans le sol ambiant. On commence par tapisser le fond. L'ouvrier vénitien prend l'argile dans ses mains, la manie bien, en forme une grosse boule et la jette avec force à l'endroit indiqué. Il jette ainsi boules sur boules et les lisse bien sur place, mettant un grand soin à ce qu'il n'y ait pas de vides et par conséquent pas d'air interposé. Quand cette couche du fond est terminée, il pose dessus, bien d'aplomb et bien nivelée, une pierre circulaire (P) devant servir de base au mur circulaire (*b*) et creusée en cul de chaudron, pour qu'il soit possible d'y ramasser presque jusqu'à la dernière goutte d'eau avec un seau à panse arrondie. Cette pierre ne doit pas être en calcaire, mais en granit, pour résister aux chocs répétés des seaux.

Le mur circulaire qui constitue le puits et s'élève jusqu'au-dessus du sol, en forme de margelle, se construit en briques pleines. Celles du bas, seulement, sont percées de trous coniques pour le passage de l'eau, qui ne vient du reste que lentement. Il suffit de donner au puits 0 m. 80 de diamètre et au mur 0 m. 22 d'épaisseur.

On monte ce mur en même temps que le revêtement d'argile des talus, par assises d'un pied de hauteur, et, avant de passer d'une assise à une autre, on tasse entre le mur et les talus une couche de sable (*d*, *d*), qu'on règle au même niveau.

Avant d'établir le dallage du sol, on dispose à chacun des quatre angles de la base de la pyramide, un regard (*c*) en pierre dans lequel s'amasse le flot des

orages et où restent les détritus. Une pierre percée
de trous (ou une grille en fonte) recouvre chacun de
ces regards qu'on appelle des *cassettoni* et que relie
entre eux un canal (*e*) courant de l'un à l'autre. Ce
canal est fait en briques pleines reposant sur le sable
et assemblées à sec pour perdre les eaux par leurs

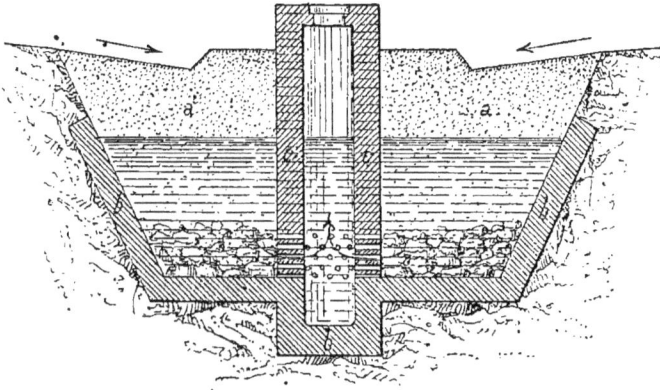

Fig. 5. — Citerne des chemins de fer algériens.
a Sable recouvert d'une faible couche de terre. — *b* Béton au
mortier de chaux hydraulique. — *c* Briques creuses.

joints. Enfin, le dallage de recouvrement du sable est
disposé en pente vers les *cassettoni*, pour y conduire
les pluies.

La citerne pouvant contenir 20 mètres cubes d'eau,
on répand 20 kilogrammes de charbon dans les *cassettoni* et leurs *canaletti*.

La filtration de l'eau ne se fait qu'avec une lenteur
extrême dans les citernes vénitiennes, mais l'absorption des pluies s'y produit avec rapidité, en raison de
la grande longueur des *canaletti* qui les perdent dans le
sable.

La figure 5 représente une citerne vénitienne, modifiée par la Compagnie des chemins de fer algériens.
L'argile est remplacée par du béton au mortier de
chaux hydraulique (*b*). Les trous coniques du bas du

mur du puits (c) sont remplacés par des briques creuses. Le filtre, entre le puits et les talus, est formé d'abord de moellons ou de gros silex, qu'on recouvre de pierraille, puis de gravier, de sable fin et d'une couche de charbon de bois pilé. La couverte du filtre est disposée en pente, pour capter les pluies tombées sur lui et ses alentours, et cette couverte est faite de terre légère ensemencée d'herbages.

CHAPITRE III

PUITS

Les puits sont alimentés soit par des *sources souterraines* ; soit par des infiltrations venant de la surface du sol que l'on nomme *pleurs* ; soit par des infiltrations de rivières ou nappes d'eau voisines.

Les puits alimentés par des sources donnent *généralement* une eau saine, mais quelquefois *trop minéralisée* et peu *aérée*. Les puits alimentés par des *pleurs* ou infiltrations sont sujets à caution ; on doit en faire analyser l'eau.

On ne doit pas, sans autorisation, creuser un puits à moins de 100 mètres d'un cimetière (décret du 7 mars 1808). Les puits creusés à proximité d'une fosse d'aisance, d'un fumier ou d'une cause quelconque, sont dangereux à cause de la possibilité d'infection de l'eau par les infiltrations dans le sol.

Il n'existe plus à Paris de puits pour l'alimentation, mais il y en a de très importants et très profonds pour certains usages industriels (lavoirs, teintureries, machines à vapeur, etc.).

Puits creusés. — Les puits creusés de la main de l'homme avec la bêche, le pic et la pelle sont construits dans nos campagnes par des puisatiers ou simplement par les maçons. On leur donne la forme circulaire ou un peu ovale, afin que la maçonnerie résiste bien à la poussée des terres. L'épaisseur de la muraille varie de une demi-brique 0 m. 11 à 0 m. 40 selon la nature plus ou moins compacte du terrain.

Le creusement se fait avec les outils usuels des terrassiers, à moins que l'on ne rencontre des bancs de roches dures qu'il faut réduire par la poudre ou la dynamite au moyen de trous de mine percés dans des directions convenables.

Les précautions à prendre contre l'éboulement des terres sont, le plus souvent, très négligées et c'est à cela que l'on doit attribuer les accidents qui surviénnent au cours de ces travaux. Il est de toute nécessité d'étayer les parois du puits, au fur et à mesure de son avancement, par des boisages correctement faits, c'est-à-dire par des *palplanches* étançonnées entre elles au moyen de madriers taillés à la longueur convenable. Ces boisements doivent être faits partout dans la traversée des couches de terre ; nous avons vu, en effet, des terres argileuses très fortes s'ébouler, dans ces sortes de creusements, sous la charge des terres supérieures et de petites infiltrations d'eau ; il ne faut donc pas se fier à l'apparente résistance d'un terrain qui paraît compact et se rappeler qu'il est préférable d'augmenter quelque peu les frais de boisement plutôt que de risquer un accident. Les déblais sont retirés avec un seau ou une benne et un treuil à bras ou à manège.

Il arrive souvent qu'on rencontre des infiltrations d'eau avant que le puits ne soit arrivé à la profondeur où l'on trouvera la nappe d'eau intéressante. C'est ici

que l'art du puisatier demande une grande prudence
et beaucoup d'habileté, car ces eaux peuvent déter-
miner un affaissement des terrains. Il est alors nécessaire d'épuiser ces eaux par des moyens appropriés aux
circonstances.

On se sert pour cela de pompes à bras à grand débit ou même de pompes à moteur.

Quand le creusement est achevé, on construit la
base de la maçonnerie en pierres sèches ou en murs
avec barbacanes, pour laisser l'eau pénétrer facilement dans le puits ; le mur circulaire est ensuite fait
en pierres dures et ciment ou chaux hydraulique
jusqu'en haut. La base de la maçonnerie repose généralement sur un *bâti en chêne* nommé *rouet*.

Si le puits traverse des roches compactes, la maçonnerie est généralement inutile dans la traversée de
ces bancs rocheux qui servent de fondation au mur
supérieur.

Pour creuser un puits dans un terrain ébouleux,
on fait d'abord un trou de 1 à 2 mètres de profondeur,
puis on emploie le système du *rouet descendant* ; on
construit un solide *rouet* ou cercle *en chêne*, ne présen-
tant aucune saillie, posé au fond de la fouille et sur
lequel on monte la maçonnerie jusqu'à environ
1 mètre au-dessus du sol. Ensuite, les ouvriers fouil-
lent *en dessous du rouet* qui descend peu à peu en en-
traînant la maçonnerie dont il est chargé et que l'on
monte par-dessus au fur et à mesure de la descente.
On fait des *cuvelages de puits* formés *d'anneaux de
ciment armé* qui se posent les uns au-dessus des autres
dans les fouilles de puits et remplacent la maçonnerie.
Les puits ainsi construits se creusent très rapidement et économiquement ; on peut, si le terrain est
assez résistant, creuser le trou d'abord et poser les
cuvelages ensuite en commençant par le fond, mais il

est le plus souvent préférable de poser les cylindres
de ciment armé les uns sur les autres au fur et à mesure que le trou s'approfondit et de les faire descendre
en fouillant en dessous, comme il a été dit pour le
système du rouet descendant.

Les puits ordinaires se creusent à des profondeurs
souvent considérables (25 à 50 mètres) et il arrive
fréquemment dans les puits, même peu profonds, que
des gaz irrespirables s'accumulent. Ces gaz formés
d'acide carbonique, d'acide sulfhydrique, ou de gaz
des marais, peuvent émaner du sol même ou se produire par la décomposition de matières organiques
projetées dans l'eau du puits. Avant de descendre dans
un puits on devra donc s'assurer de la qualité de l'air
qu'il renferme, en y descendant une bougie allumée
attachée à une corde. Si la bougie brûle mal ou s'éteint
on devra tenir le puits pour *très dangereux* et l'assainir
d'abord au moyen d'une puissante pompe à air.

En tous cas, on ne devrait jamais laisser un ouvrier
descendre dans un puits quelque peu profond sans
l'attacher à une corde de sauvetage qui permettrait
de le retirer, en cas d'accident, de l'orifice même du
puits.

Si cette précaution eût été toujours observée on n'au-
rait à déplorer ni la mort de l'ouvrier ni celle des sau-
veteurs qui se précipitent à son secours et sont asphyxiés sans aucune utilité lorsque le puits est saturé
de gaz méphitiques. (Il y a eu des accidents de cette
sorte où cinq personnes ont trouvé successivement la
mort faute d'une corde de sauvetage.)

La descente dans les puits très profonds se fait le
plus souvent avec la corde à nœuds à laquelle l'ouvrier s'attache au moyen de lanières en cuir et de cro-
chets en fer. Dans le cas de pompes profondes, on devrait toujours construire à hauteur de la pompe, dans

le puits même, un plancher à claire-voie en barres
de fer ou en madriers de chêne ; une échelle formée de
barreaux de fer scellés dans les murs du puits permettrait l'accès facile de la pompe pour le graissage, l'entretien du presse-étoupes et le nettoyage ou la peinture périodique des mécanismes. On assurerait ainsi
le bon fonctionnement constant de la pompe, en augmentant sa durée.

Nous croyons devoir insister sur ces petites précautions qui ne sont pour ainsi dire jamais prises dans les
installations des puits et qui sont cependant des plus
utiles.

Le diamètre des puits creusés a généralement de
un à deux mètres *dans œuvre*, ce qui suppose un creusement de deux à trois mètres de diamètre dans la
terre, selon l'épaisseur à donner aux murs.

Galeries de réserve d'eau. — Quand le débit horaire
de la source qui alimente le puits est inférieur au débit
de la pompe, on doit creuser à la base du puits une ou
plusieurs galeries horizontales ou *poches à eau*, qui se
rempliront d'eau pendant l'arrêt de la pompe et cons-
titueront une précieuse réserve. Si, par exemple, la
source donne 3 mètres cubes à l'heure cela fait 72 mètres cubes par jour. Avec une pompe de 10.000 litres
on épuisera cette eau en 7 heures s'il y a une galerie
au fond du puits capable d'emmagasiner 50 mètres
cubes d'eau. Si cette galerie n'existait pas, on ne pourrait disposer en 7 heures que de 21 mètres cubes
d'eau.

Les galeries en question doivent être creusées dans
une couche de terrain imperméable au-dessous de la
couche où se trouve la source ; autrement ces galeries
devront être maçonnées étanches, de façon à former
de véritables citernes souterraines où l'eau de la

source s'accumulera au fur et à mesure de son arrivée aux abords du puits.

Emploi des explosifs pour augmenter le débit des puits. — Lorsqu'un puits creusé à une certaine profondeur n'a qu'un débit insuffisant pour les besoins journaliers, on peut essayer d'en augmenter le rendement en provoquant la séparation des roches qui forment son fonds, par l'explosion d'un certain nombre de *mines* ou pétards de dynamite ou d'explosifs quelconques. On *fissure* ainsi artificiellement les couches de terrain avoisinant le fond du puits, ce qui risque de provoquer la venue de l'eau circulant dans les veines voisines. M. Paul F. Chalon dit avoir obtenu ainsi de l'eau dans un puits creusé à 22 mètres de profondeur et dont les parois calcaires étaient seulement humides. Il fit détoner au fonds du puits 10 kilogrammes de dynamite et l'eau vint en grande quantité. Cet auteur dit que ce procédé est employé en Amérique pour activer le débit des puits pétrolifères.

On peut procéder soit par détonation de charges de 10 à 15 kilos de dynamite à l'air libre dans le puits, même si celui-ci a au moins 15 mètres de profondeur en terrain rocheux et qu'il soit construit solidement à sa partie supérieure.

On peut aussi pratiquer dans le fonds du puits des trous de mine d'une profondeur suffisante, que l'on charge avec un explosif allumé électriquement de l'extérieur. Ce dernier mode opératoire paraît plus rationnel et moins susceptible de compromettre les ouvrages supérieurs du puits, maçonneries ou boisements.

Puits tubés ou instantanés. — Ces puits se font en enfonçant un tube en fer, muni à son extrémité inférieure d'une pointe aciérée percée de trous, dans un sol facilement pénétrable, au moyen d'un *mouton*.

L'enfoncement du tube de 3 à 8 mètres de longueur jusqu'à la rencontre de la nappe d'eau, ne demande souvent que quelques heures et certains de ces tubages pratiqués dans des eaux abondantes sont susceptibles d'un débit régulier de plusieurs mètres cubes à l'heure.

Le matériel nécessaire se compose d'une longueur suffisante de tubes en fer qui se vissent les uns au bout des autres au moyen d'un manchon fileté ; d'une bague et de deux coins en acier ; d'un mouton en fer et, enfin, d'une chape avec poulie pour fixer en haut du tube. Ce matériel peut être pris en location chez les marchands de tubes en fer ou de pompes. Le tubage ne nécessite pas d'ouvriers spéciaux, ainsi qu'on le verra par les explications qui suivent.

Les puits instantanés peuvent être installés de préférence aux puits creusés ordinaires, partout où la nappe d'eau se trouve à moins de 8 mètres de profondeur.

Il peut être fait avec certitude de succès dans tous les pays de plaine, sur le bord des rivières, et partout où on trouve des puits alimentés par une nappe d'eau souterraine circulant dans les graviers, à une faible distance du sol.

Le premier soin à prendre est de s'enquérir, si possible, de la profondeur à laquelle on trouvera l'eau, en se basant sur les puits les plus voisins. On évite ainsi des tâtonnements et l'on sait d'avance approximativement la longueur du tube que l'on aura à enfoncer. En général, dans les plaines, on trouve les graviers à peu de profondeur.

Pour procéder, on commence à enfoncer de quelques décimètres le premier tube percé de trous et terminé en pointe. On place ensuite autour de ce tube la couronne en acier C avec les coins destinés à serrer le tube.

Le mouton B se met ensuite au-dessus. En saisissant à la main le mouton par ses deux anses, on l'élève et on le laisse retomber sur le collier C qui, à chaque

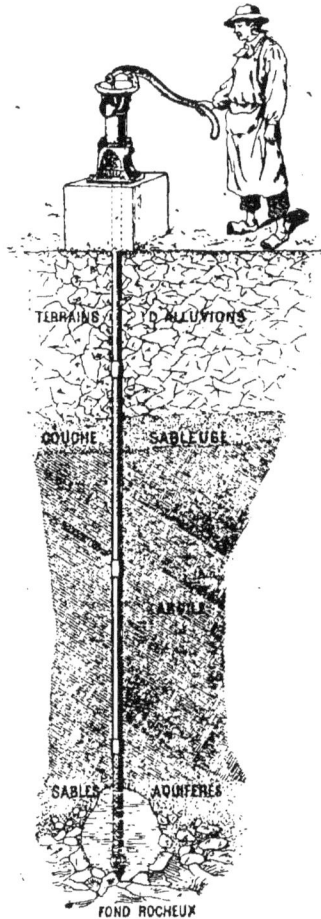

Fig. 6.   Fig. 7.

Coupe d'un puits instantané et montage du matériel d'enfoncement des tubes en fer dans le sol : A. Chape avec poulie. — B. Mouton. — C. Bague avec coins. — D. Cheville pour desserrer les coins.

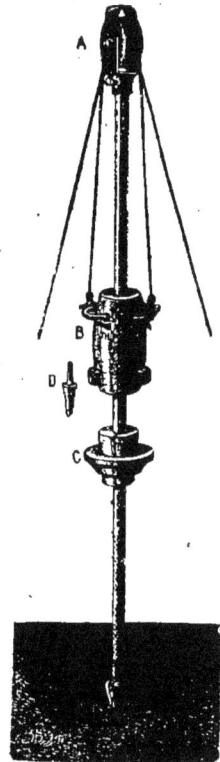

coup, en enfonçant de plus en plus les deux coins, fait descendre *le tube qu'il faut avoir soin de bien diriger d'aplomb* (fig. 7).

Pour remonter la couronne C, il faut naturellement

la séparer des deux coins. Pour cela, on emmanche les deux tenons D dans les oreilles du mouton, et d'un seul coup, en le laissant tomber, tout se détache et peut être remonté plus haut. On peut ainsi très souvent, sans autre matériel, en remontant de temps en temps le collier, enfoncer tous les tubes et arriver jusqu'à l'eau.

Mais si le terrain devenait trop compact, le soulèvement du mouton à la main ne donnerait pas un choc suffisant ; il faut alors faire usage de la chape A, portant deux poulies, que l'on fixe sur l'extrémité du tube. On passe sur ces poulies deux petites cordes, comme l'indique le dessin, et on se sert de ces cordes pour soulever le mouton qui donne ainsi un choc beaucoup plus fort.

Lorsqu'un tube est enfoncé, on en visse un autre à l'extrémité du premier, et ainsi de suite. Enfin, on visse la pompe sur le taraudage du dernier tube et on pompe vivement. Pour commencer, il est bon de verser de l'eau dans la pompe. Lorsqu'on a utilisé une pointe ordinaire, c'est-à-dire sans toile métallique, il arrive tout d'abord beaucoup de sable, et il faut pomper pendant un temps assez long pour que l'eau arrive bien claire ; si l'on s'arrêtait trop tôt, le sable en mouvement dans le tube pourrait s'y déposer et l'obstruer.

Avec une pointe garnie de toile métallique, le sable ne pénètre pas dans les tuyaux.

Il se forme ainsi en terre, autour des trous du tube, une cavité qui est toujours pleine d'eau et qui sert de réservoir (fig. 6).

La principale précaution à prendre est de faire descendre les tubes verticalement ; s'ils déviaient trop, on les redresserait en s'aidant d'une barre de fer engagée dans le collier, et au besoin en les retirant, ce qui est facile. On passe pour cela le mouton en-dessous du collier et, en frappant de bas en haut, les tubes sont retirés rapidement.

Dans les terrains argileux, les trous du tube se bouchent quelquefois pendant la descente ; le plus simple, dans ce cas, est de retirer les tubes que l'on redescend facilement après les avoir nettoyés.

Il est aussi utile de changer le cuir du piston s'il a pompé pendant longtemps de l'eau chargée de sable car il s'use très vite dans ces conditions ; il est bon d'avoir une garniture exprès pour cet usage.

Dans les terrains sablonneux, la pointe et les tuyaux peuvent être enfoncés directement ; mais, dans les terrains durs et pierreux, il est nécessaire d'enfoncer préalablement une tige de fer pointue de la même grosseur que les tuyaux, afin de ne pas abîmer la pointe perforée au contact des cailloux.

Les avantages qu'assure ce système sont : une installation peu coûteuse et de l'eau toujours propre et fraîche.

Les puits instantanés se recommandent d'une façon toute particulière pour les habitations situées au bord de la mer et des cours d'eau.

Toutes les pompes peuvent convenir pour les puits instantanés.

DIAMÈTRE INTÉRIEUR du tuyau d'aspiration	PRIX des tuyaux	PRIX de la pointe spéciale avec toile métallique	PRIX de la pointe ordinaire
24 millimètres .	4.25 l. mètr.	20 francs	12 francs
31 —	6.25 —	23 —	15 —
38 —	7 » —	30 —	19 —

N. B. — En demandant des renseignements pour installations, on devra indiquer la profondeur de l'eau

dans les puits du voisinage et la nature du terrain sur
lequel on désire installer ce puits.

Prix du Matériel pour enfoncer les tubes :

Mouton avec tenon............... 26 fr. 50
Colliers avec coins .... 32 fr. 50
Chape avec deux poulies.......... 35 fr. »

Nota. — La chape n'est pas nécessaire pour les terrains faciles à traverser, le choc du mouton soulevé
avec les mains étant assez fort pour enfoncer le tube.

Puits artésiens et puits forés. — Ces sortes de puits
ne peuvent être creusés que par des entrepreneurs
spécialistes de travaux de sondage disposant d'un
matériel considérable de sondes de divers modèles
dites *tarières, forets, ciseaux, trépans* qui servent à creuser les terres et les roches plus ou moins dures, *cuillers*
et *capsules* pour retirer les terres et les roches broyées
par les outils précédents. Ces instruments sont montés
au bout de barres de fer ajoutées les unes au bout des
autres et formant la sonde proprement dite. Voir volume 1, page 81.

L'enfoncement se fait par *battage*, pour les grandes
profondeurs, au moyen d'appareils spéciaux mus à bras
et à vapeur. Le prix du travail est très variable selon
la profondeur et la dureté des roches rencontrées.

Au fur et à mesure que la perforation du sol se fait
par le travail des outils de sondage, on descend dans
le puits des tubes en fer fixés les uns au bout des autres
et dont le diamètre diminue peu à peu.

C'est ainsi qu'un puits foré de trente centimètres
de diamètre à la surface n'a plus que dix centimètres de diamètre à la profondeur de six cents mètres.

Les tubes descendus dans le puits pour maintenir les
terres et recueillir l'eau, sont percés de nombreux trous

à l'endroit où l'on rencontre des nappes fournissant de l'eau abondante et de bonne qualité. Ils sont, au contraire, laissés étanches au passage des couches d'eau trop minéralisées et empêchent leur accès dans le puits.

L'établissement d'un puits foré nécessite des travaux longs et coûteux, on ne devra donc les entreprendre qu'après avis des ingénieurs compétents. Au surplus, on consultera les ouvrages suivants : Degousée et Laurent, *Guide du Sondeur* ; Paulin et Arrault, *Outils et procédés de Sondage ;* Edouard Lippmann, *Petit Traité de Sondage*, Paris 1897.

Pour extraire l'eau de ces puits forés, on emploie une pompe ordinaire à un ou plusieurs corps, lorsqu'il est possible de placer le corps de pompe à moins de 7 à 8 mètres de niveau de l'eau. Mais lorsque, dans le forage tubé, l'eau reste à une grande profondeur, il faut aller la chercher avec des pompes spéciales dites *pompes à fourreau* (fig. 8).

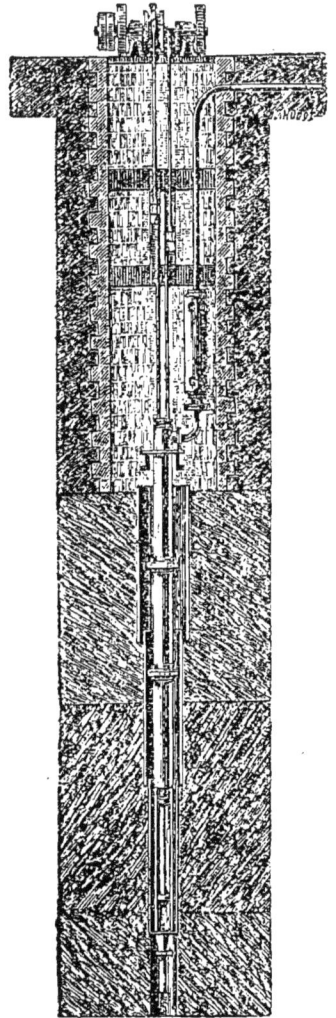

Fig. 8.

Cette figure montre le forage du puits garni de tubes d'un diamètre de plus en plus petit. On voit en haut le *presse-étoupes* et la cloche d'air, facilement accessibles dans la partie maçonnée du puits.

CHAPITRE IV

ÉLÉVATION DE L'EAU

L'eau est puisée par des *pompes* à bras et au moteur (1) ou élevée par compression d'air.

Les figures ci-contre montrent les différentes sortes de pompes :

9. — Pompe aspirante à balancier, fixée sur planche en chêne.

10. — Pompe aspirante à balancier, dite *colonne*.

11. — Pompe alternative à palettes, aspirante et foulante (convient pour les besoins du ménage).

12. — Pompe aspirante et foulante à piston pour remplissage de réservoir.

13. — Pompe *rotative* à pignons (ou à palettes) aspirante et foulante.

14. — *Crépines* avec ou sans *clapet de retenue* pour mettre en bas des tuyaux d'aspiration afin d'empêcher les corps étrangers de pénétrer dans la pompe.

15. — Pompe *centrifuge* à grand débit marchant au

(1) Pour l'installation des pompes voir le livre *La Force Motrice et l'Eau à la Campagne.*

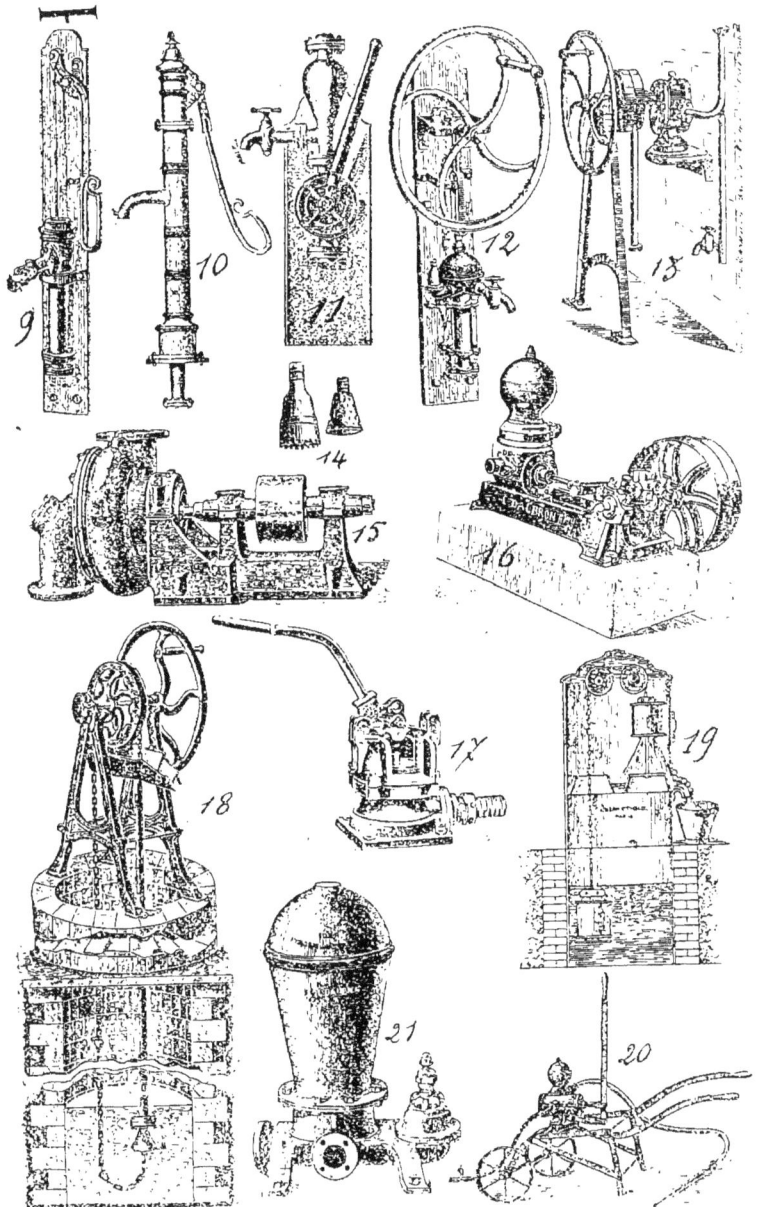

Fig. 9 à 20.

moteur, pour faibles aspirations et grands refoule-
ments.

16. — Pompe à piston à double effet aspirante et
foulante, au moteur.

17. — Pompe à *membrane*, aspirante et foulante
(sans piston, cette pompe est constituée par une
membrane souple qui s'élève et s'abaisse sous l'action
du balancier).

18. — Pompe à chaîne ou *noria* élevant l'eau de
toute profondeur mais ne refoulant pas.

19. — Appareil élévatoire, pour puits de toute profondeur, composé de deux seaux dont l'un monte
plein tandis que l'autre descend vide.

20. — Pompe aspirante et foulante sur brouette
pour arrosage ou incendie.

21. — *Bélier hydraulique* pour élever automatiquement l'eau quand on dispose d'une petite chute d'eau.

Les pompes aspirent l'eau jusqu'à 7 à 9 mètres de
profondeur ; au-dessus de cette profondeur, on met
le corps de pompe dans le puits, comme le montre la
figure 8.

Les pompes à piston se font à un, deux ou trois
corps pour fonctionner au moteur.

L'une des conditions essentielles du bon fonctionnement des pompes est l'*étanchéité absolue* du piston
et de la conduite d'aspiration, que l'on munit, au bas,
d'une *crépine à clapet de retenue* (fig. 14). Si l'aspiration n'est pas étanche, la pompe se *désamorce* et il faut
remplir d'eau le corps de pompe pour la remettre en
marche.

MM. Couppez et Chapuis construisent un appareil
élévateur par compression d'air à distance, composé
d'une cloche E, simplement suspendue par un câble,
ainsi que les tuyaux qui y font suite, et il n'y a aucun
scellement à faire dans le puits. L'eau qui s'introduit

dans la cloche E s'élève au moyen de l'air comprimé,
et la pompe de compression d'air peut être placée à
n'importe quelle distance du puits ou de la rivière.
Il est possible de faire aboutir l'extrémité du tuyau

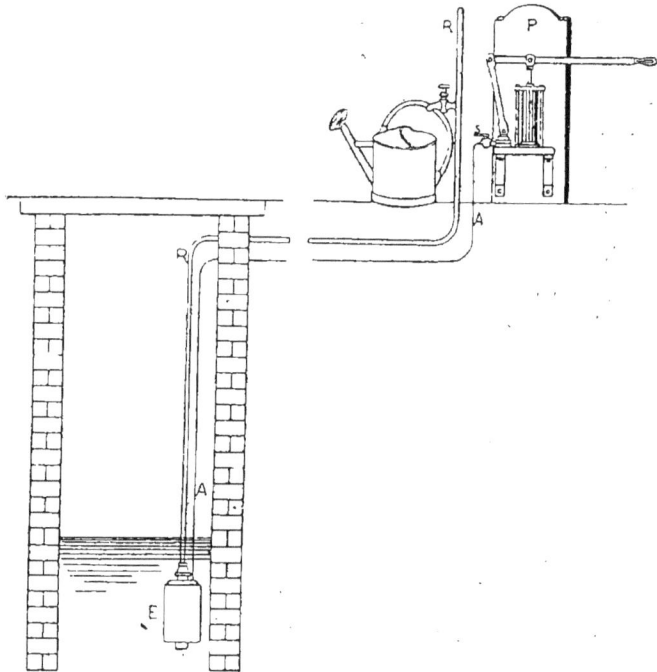

Fig. 22.

de refoulement de l'eau à côté de la pompe de compression d'air, ou dans n'importe quel autre sens (fig.
22).

Au point de vue du rendement mécanique, il faut
observer que l'effort nécessaire à la compression de
l'air est perdu chaque fois que la cloche se vide; il y a
donc là une perte de force, qui peut être rachetée dans
certains cas par la facilité d'installation de l'appareil
dans des puits très profonds et sans frais considérables.

Pour la distribution de l'eau dans les maisons, on

supprime les réservoirs placés en élévation par le

Fig. 23.

système représenté figure 23, qui comprend :

1° Un *réservoir* fermé, en forte tôle, rempli d'air,

dans lequel on introduit de l'eau sous pression au-dessous de la couche d'air qui se comprime.

2° Une *pompe* à eau, que, suivant les cas, on actionne soit à bras, soit au manège, soit par un moteur.

On emploie aussi cet appareil pour augmenter la pression d'eau des villes lorsqu'elle est insuffisante pour desservir les étages supérieurs, pour le *tout à l'égout*, les *ascenseurs* ou les services d'incendie.

Les réservoirs se trouvant dans des locaux fermés, on a de l'eau toujours à la même température, ce qui évite les accidents dus à la gelée ou à l'échauffement de l'eau en été.

L'appareil peut, du reste, être placé en sous-sol ou en élévation ; la pompe peut aussi être mue à bras ou au moteur.

CHAPITRE V

PUISARDS

Les puisards sont des réservoirs, construits et voûtés en maçonnerie, qui recueillent les eaux pluviales, ménagères et industrielles.

Les *puisards étanches*, qui peuvent recevoir les eaux malsaines, conservent les liquides et doivent ensuite être vidangés et curés.

Les puisards étanches établis à côté des puisards absorbants font office de décanteurs, de manière à ne laisser passer, dans le puisard absorbant, que les eaux clarifiées.

Les *puisards absorbants*, qui ne doivent recevoir **que** des eaux inoffensives, laissent filtrer les liquides dans les terres environnantes, à l'aide de barbacanes ou de tuyaux inclinés, placés à 1 mètre au moins au-dessus du radier du puisard, pour éviter que ces conduites ne soient obstruées par des dépôts de vase.

Les *puits d'absorption* sont des puits tubés ou maçonnés, qui descendent, jusqu'à un terrain perméable, les eaux qu'on y jette.

Les puisards absorbants sont interdits dans les villes ; on ne doit pas les établir à proximité des puits et il faut de préférence les mettre sur une pente naturelle du sol qui envoie les eaux vers la pleine campagne.

CHAPITRE VI

DRAINAGE

Il consiste à placer dans le sol des tuyaux en terre cuite ou *drains*, afin d'enlever aux terrains, aux champs marécageux ou humides, leur excédent d'humidité, que l'on évacue par le sous-sol, dans une rivière ou toute autre décharge.

Les tuyaux en terre cuite sont posés dans des tranchées le plus souvent de 0 m. 50 à 0 m. 60 en largeur et 1 m. 40 à 1 m. 50 en profondeur. Les drains sont à section circulaire ou ovoïde et ils sont réunis par des manchons. Pour surveiller leur fonctionnement, on établit des regards de distance en distance, que l'on recouvre d'une forte tuile ou d'une pierre plate.

Pour drainer les murs en fondation, on fait traverser ces murs par des drains dont l'eau se rend dans une rigole d'écoulement.

Les drains des terres, cours, etc., doivent être installés à des profondeurs variant de 0 m. 50 à 1 m. 90. L'écartement des drains, dans les terres légères et les sous-sol poreux, peut atteindre 12 mètres ; dans les terres d'une densité moyenne 5 m. 60 à 7 m. 25 ; dans les terres fortes compactes 3 m. 90 et 3 mètres.

On doit favoriser l'écoulement le plus rapide des eaux, sans donner aux conduits une pente trop forte. Dans les pentes faibles (1 centimètre par mètre) il faut diriger les eaux suivant la ligne de plus grande pente. Si le terrain possède une grande déclivité, on donnera aux drains le minimum de pente, et on les rapprochera, afin de distribuer l'eau dans un plus grand nombre de drains et éviter leur rupture par l'eau forcée. On peut encore placer les drains suivant les courbes de niveau et les collecteurs suivant la ligne de plus grande pente pour augmenter la rapidité de l'assèchement et éviter les obstructions. Pente à donner aux conduits 0 m. 002 au minimum et 0 m. 010 au maximum.

CHAPITRE VII

DISTRIBUTION PUBLIQUE DE L'EAU

Les villes font de grandes dépenses pour amener à leurs habitants de *l'eau saine* et *sous pression*. Pour cela on *capte* des sources situées à de grandes distances des villes ; on analyse l'eau de ces sources, on surveille spécialement les terrains qui les environnent, afin qu'aucune cause d'infection ne puisse venir contaminer la source captée, dont les eaux sont conduites dans un *aqueduc* étanche jusqu'à l'agglomération d'hommes où elles sont consommées.

Ces aqueducs, souterrains ou aériens, selon les endroits où ils passent, sont construits en maçonnerie de ciment ou en tuyaux de fonte ou, encore mieux, en tuyaux de ciment armé dont nous parlerons au chapitre des canalisations.

Quand la source captée n'est pas à une altitude suffisante pour donner une pression convenable à l'eau dans la ville, ou quand l'eau est dans une rivière ou un canal aux abords de la ville, l'eau est d'abord élevée dans des réservoirs construits sur une colline ou sur des pylônes en maçonnerie. Ce travail est fait par de puissantes pompes mues à la vapeur ou au gaz pauvre.

Si l'eau ainsi puisée n'est pas saine, on l'épure au moyen de filtres à sable à grande surface ou par des procédés chimiques, biologiques ou électriques (par l'*ozone*, procédé Otto) dont la description nous entraînerait trop loin.

Le principal souci des municipalités est de donner aux habitants une eau saine en quantité suffisante. La quantité d'eau nécessaire au nettoyage des rues, au service d'incendie, à la boisson, aux lavages, aux usages domestiques et à la salubrité des habitations par le *tout à l'égout* devrait être de 1.000 litres par habitant et par jour ; peu de villes disposent de cette quantité d'eau.

Darcy admet un minimum de 170 à 200 litres par habitant et par jour ; avec les besoins de l'hygiène moderne et en admettant l'évacuation directe à l'égout des vidanges et des eaux usées, cette quantité est beaucoup trop faible.

L'eau est conduite dans toutes les rues de la ville par des *canalisations* souterraines en tubes de fonte ou de ciment armé.

De ces canalisations partent des *branchements* qui desservent chaque maison ; ces branchements se font en tubes de fonte ou de plomb assez épais pour supporter la pression de l'eau (épreuve à 15 kilos).

Le branchement aboutit à un *compteur* qui évalue la consommation à payer par l'habitant. Du compteur part la *colonne montante* qui dessert tous les étages.

Estimation de la consommation d'eau. Compteurs. — Les Compagnies de distribution publique d'eau emploient trois moyens pour apprécier les quantités d'eau consommées par leurs abonnés.

1º L'estimation de *gré à gré*, sans jaugeage, en

Fig. 24.

concession libre ; l'abonné a l'eau sous pression à sa disposition. La Compagnie s'en rapporte à la discrétion de son client pour n'en user que selon ses besoins stricts.

2º Jaugeage par *robinet de jauge* muni d'un *ajutage* d'une ouverture déterminée laissant passer un certain nombre de mètres cubes d'eau par 24 heures. Il faut que l'abonné ait un réservoir assez grand pour que le *robinet de jauge* y laisse couler une *réserve d'eau*. Quand le réservoir est plein, l'écoulement du robinet de jauge est arrêté par un flotteur. Le robinet de jauge est scellé par un cadenas dont la Compagnie a seule la clef. La figure 24 montre l'installation du réservoir A. R est le *robinet de jauge*, F le flotteur, X un robinet d'arrêt. D le robinet commandant la conduite aux étages de la maison, T le tuyau de *trop plein* qui aboutit à un *terrasson* C où s'écoulent les fuites possible et le trop plein dont l'eau s'en va aux gouttières par

A DEUX BOISSEAUX   A TROIS BOISSEAUX

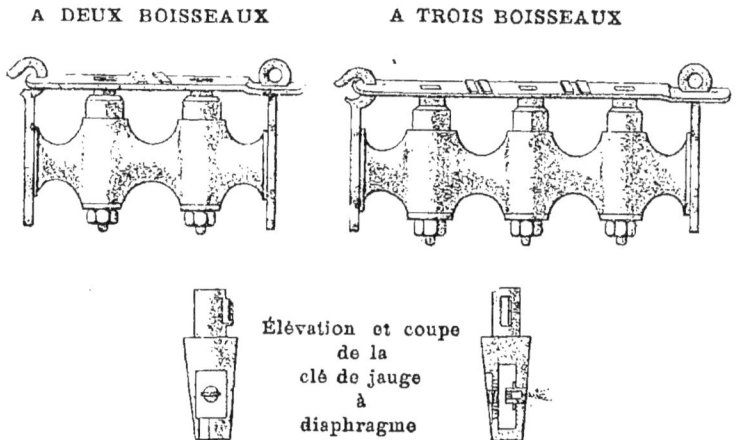

Élévation et coupe
de la
clé de jauge
à
diaphragme

Fig. 24 *bis*.

l'orifice E. V est un robinet de vidange. La figure 24 *bis* montre les *robinets de jauge* du modèle Ville de Paris ; une seule clef est munie d'un orifice calibré ; dans le modèle à 3 *boisseaux*, c'est la clef du milieu qui fait le jaugeage, on en voit les détails sur notre gravure ; les autres robinets servent d'arrêt d'eau.

Dans certains robinets de jauge l'orifice est percé dans une lentille de *cristal* rapportée dans la clef du robinet, car le cristal s'use moins que le bronze par le passage de l'eau. Les clefs des robinets sont maintenues par une barre avec cadenas.

Le réservoir représenté figure 24 est en *plaques d'ardoise*, mais on le fait aussi en tôle ou mieux en *ciment armé* ; on le place en élévation ou sous les combles.

3º Le jaugeage par *compteur* est actuellement le

plus employé. La planche ci-contre fait voir quelques modèles de compteurs d'eau adoptés par les villes.

Nous n'entrerons pas ici dans la description mécanique des compteurs d'eau dans lesquels un *piston*, ou

25   *26*   *29*

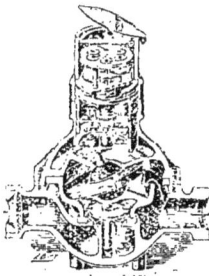
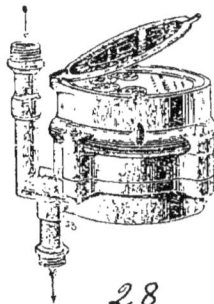
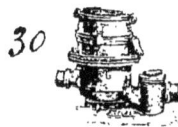

30

27   *28*

Fig. 25. — Compteur *Schreiber* à 2 pistons (vue intérieure).
Fig. 26. — Compteur *Frager* à 2 pistons.
Fig. 27. — Compteur à disque piston (vue intérieure).
Fig. 28. — Compteur divisionnaire *L'Economique*.
Fig. 29. — Compteur à disque piston (vue extérieure) *Eyquem*.
Fig. 30. — Compteur à turbine T E.

bien un *disque oscillant*, ou bien une *turbine rotative*, sont mis en mouvement par l'écoulement de l'eau. Ces déplacements de l'organe du compteur sont enregistrés par des *cadrans* sur lesquels on fait la lecture de la consommation d'eau.

L'article 8 de l'arrêté du Préfet de la Seine, en date du 8 août 1894 (abonnement aux eaux de source), prescrit de placer :

Sur le tuyau de sortie du compteur, une douille à raccord du type admis par l'administration, et un robinet d'arrêt,

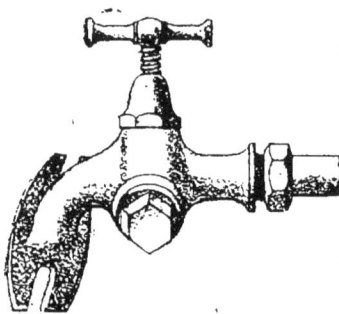 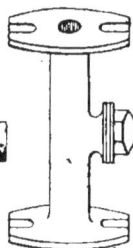 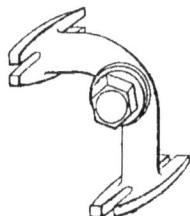

Fig. 31.   Fig. 32.

afin de permettre l'isolement de l'appareil et la vérification de son fonctionnement, maintenant indispensables.

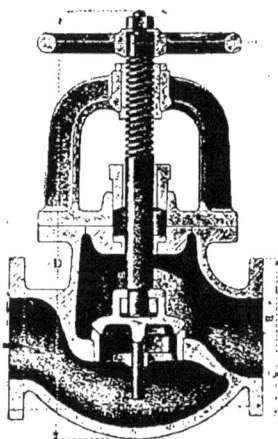

Fig. 33.

Ces douilles se font en fonte de fer, avec bouchon en bronze ; elles permettent de diminuer le temps employé à la vérification du compteur et suppriment les pertes d'eau lors du démontage du joint à brides qui réunit la canalisation au compteur (fig. 32). La figure 31 montre le robinet d'arrêt.

A la sortie de cette douille, pour les diamètres supérieurs à 27 millimètres, se place un *robinet d'arrêt* en fonte, à soupape en bronze et volant (fig. 33). Ce modèle est un des plus pratiques ; il présente cet avantage que la garniture du presse-étoupe peut être changée sous la pression, c'est-à-dire sans avoir à arrêter les eaux. Le clapet en bronze est mobile autour de son axe, ce qui lui permet de s'user d'une manière uniforme, ainsi que le siège sur lequel il vient reposer.

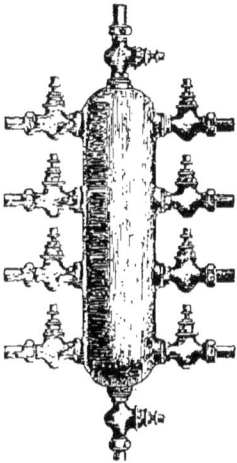  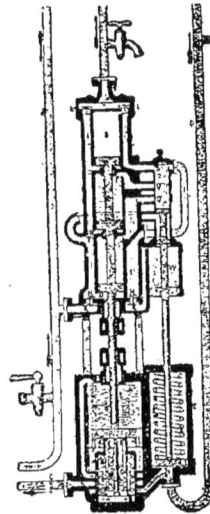

Fig. 34.   Fig. 35.   Fig. 36.

Du robinet d'arrêt, la canalisation conduit à une *nourrice de distribution* (fig. 34).

Ces nourrices peuvent être rondes ou oblongues ; mais dans l'un ou l'autre cas, il est bon de les choisir toujours d'un assez fort diamètre, afin d'éviter les secousses dans les canalisations secondaires, et les coups de bélier ; il est bon de placer, au sommet de la nourrice, un récipient anti-bélier, c'est-à-dire une *cloche à air*.

Chaque robinet de la nourrice commande une colonne montante ou un service spécial. On peut ainsi arrêter les eaux entièrement ou séparément, soit pour réparation en cas d'avarie, soit pour priver d'eau un appartement non loué. La nourrice permet d'arrêter à temps les fuites d'eau, chaque départ ayant un robinet d'arrêt.

Elévateurs automatiques. — Quand la pression de l'eau de la ville ne lui permet pas de s'élever jusqu'aux plus hauts étages de l'immeuble, la conduite d'eau doit être munie d'un appareil *augmentant automatiquement* la pression de l'eau quand cela est nécessaire. Ces appareils sont des espèces de *moteurs hydrauliques* à piston dans lesquels une certaine quantité d'eau est employée à refouler une autre quantité d'eau arrivant sous la pression de la ville.

Les appareils Henry, Samain, E. Salmson, Beauvalet, remplissent ce but.

Les figures 35 et 36 montrent l'appareil élévateur *Samain* en perspective et en coupe : le piston inférieur sert de moteur pour refouler l'eau contenue dans les cylindres supérieurs de l'appareil.

On peut aussi employer à cet effet le dispositif avec pompe et réservoir d'air indiqué figure 23.

Diamètre des tuyaux de branchements. — Les tableaux ci-dessous indiquent les débits des tuyaux de branchement pour une pression de 30 mètres d'eau qui est environ celle de Paris.

Débit par minute :

Un branchement 60 mm. intérieur fournit 300 litres.

—	40	—	—	108	—
—	30	—	—	48	—
—	20	—	—	24	—
—	15	—	—	12	—

En admettant un débit de 9 litres par minute pour les robinets de puisage et en supposant qu'*un tiers seulement* des robinets sont ouverts en même temps, on établit comme suit le nombre de robinets que peuvent desservir les branchements :

Branchement de 60 mm. pour 100 robinets.

—	40	—	36	—
—	30	—	16	—
—	20	—	8	—
—	15	—	4	—

Pour égaliser le débit des robinets aux divers étages, malgré la différence de pression de l'eau, on peut mettre :

Au rez-de-chaussée des robinets d'orifice	5	mm.		
Au 1er étage	—	—	6	—
Au 2e étage	—	—	7	—
Au 3e étage	—	—	8	—
Au 4e étage	—	—	9	—
Au 5e étage	—	—	10	—

CHAPITRE VIII

CONDUITES D'EAU. — CANALISATIONS

Epaisseur des tuyaux. — Soit D le diamètre intérieur en millimètres, et H la pression exprimée en mètres d'eau, *e* l'épaisseur des parois du tuyau : on a pour tuyaux de conduites d'eau et de gaz, en fonte :

$$e = 8 + \frac{D}{80}$$

Pour les tuyaux en fonte coulés horizontalement, on prend $e = 0$ m. $01 + 0{,}002$ DH et pour tuyaux en fonte coulés verticalement $e = 0$ m. $008 + 0{,}0016$ DH.

Les tuyaux en fer se font jusqu'au diamètre intérieur de 100 millimètres ; leur épaisseur est $e = 2 + \dfrac{D}{13}$.

Pour tuyaux en cuivre ou en laiton : $e = 1 + \dfrac{D}{24}$.

Pour tuyaux en plomb : $e = 3$ à 6 millimètres.

Voici, d'après Konig-Poppe, les formules pour cal

culer l'épaisseur des tuyaux en matériaux autres que la fonte :

Fer................	$e = 0,003 + 0,0009$ D H
Plomb	$e = 0,0052 + 0,0024$ D H
Cuivre	$e = 0,004 + 0,0015$ D H
Asphalte	$e = 0,004 + 0,004$ D H
Poterie	$e = 0,010 + 0,005$ D H
Ciment	$e = 0,012 + 0,054$ D H
Bois	$e = 0,027 + 0,033$ D H
Pierre	$e = 0,030 + 0,037$ D H

Les tuyaux *conduisant l'eau sous pression* doivent être éprouvés à 15 kilogrammes par centimètre carré pour les distributions urbaines ; cette épreuve suffit dans la généralité des cas à la campagne pour les installations comportant des machines élévatoires (la pression de 15 kilogrammes correspond à une colonne d'eau d'environ 155 mètres de hauteur verticale). Les tuyaux d'évacuation des eaux usées ne supportent aucune pression ou, du moins, qu'une pression très faible ; on se contente de vérifier qu'ils n'aient aucune fuite.

On emploie, pour l'eau sous pression, les *tubes en fer* soudés par rapprochement ou par recouvrement, bruts ou galvanisés (voir volume 8, pages 124 et suivantes, les dimensions et le travail de ces tubes).

Les *tuyaux en fonte* à emboîtement et à joint au plomb ou à joint de caoutchouc (Bigot, Lavril, Petit, etc.).(Voir volume 10, ces tuyaux étant employés aussi pour les conduites de gaz). Les tuyaux en fonte à *brides et boulons* sont peu employés.

Les *tuyaux en tôle et bitume* Chameroy (voir volume 11).

Dans certains cas, pour hautes pressions, les tuyaux en *tôle d'acier galvanisée.*

Les tuyaux en *ciment armé* (Bonna et autres).

Les tuyaux en *grès vernissé* pour des pressions de moins de 1 kilogramme.

Les tuyaux en plomb épais pour les petites canalisations d'intérieur et faibles pressions de 2 à 4 kilogrammes au plus.

Pour les évacuations d'eaux usées, on emploie :

Les tuyaux en *terre cuite* émaillée ou non.

Les tuyaux en *grès vernissé*.

Les tuyaux en *fonte* mince dits *tuyaux salubres* à

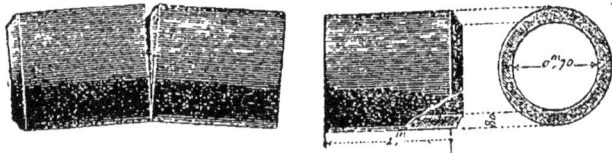

Fig. 37 et 38.

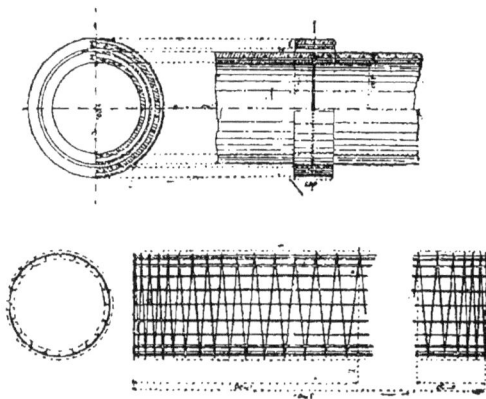

Fig. 39.

emboîtement ou les tuyaux en fonte mince pour *descentes d'eau.*

Les tuyaux en mortier de *ciment non armé* (fig. 37 et 38).

Les tuyaux en *bois*.

Les tuyaux en *plomb* mince.

Les tuyaux en *zinc* ne valent rien car ils sont détruits par les impuretés de l'eau .Nous avons décrit, volume 8, les tuyaux en fer et volume 11, les tuyaux en fonte pour pression et les tuyaux Chameroy en tôle, nous prions le lecteur de s'y reporter.

Tuyaux en ciment armé. — Ces tuyaux sont surtout employés pour aqueducs de grand diamètre. Ils se composent d'une ossature métallique en fers ronds ou carrés ou même en fers *profilés* en T ou en X (Bordenave, Bonna) comportant des éléments *longitudinaux* et des éléments *hélicoïdaux* reliés ensemble par des *ligatures* comme le montre la figure 39. Le tout est enrobé dans une couche de béton de ciment Portland comprimé (fig. 39).

Tuyaux en sidéro-ciment. — Ces tuyaux, construits par M. A. Bonna, à Paris, se font depuis 0 m. 10 jusqu'à 4 mètres de diamètre intérieur. Ils sont employés pour l'adduction et le refoulement des eaux sous toutes pressions et se composent d'un tuyau en tôle d'acier soudée à la *soudure autogène* et qui forme une *âme* étanche. Intérieurement, cette enveloppe est garnie d'une armature légère en acier profilé enrobée dans un mortier de ciment. Cette garniture de ciment armé isole le tube en tôle d'acier du contact de l'eau et assure sa conservation indéfinie. Extérieurement, le tube de tôle d'acier est revêtu d'une enveloppe d'épaisseur variable avec le diamètre, ayant une armature *en aciers profilés spéciaux* en + de grande résistance à la traction, calculée pour résister, avec le tube en acier, à la pression que doit supporter le tuyau en service, sans tenir compte de la résistance de l'enveloppe en ciment qui recouvre cette dernière armature.

Nous avons donc ici : une enveloppe intérieure en ciment armé, un tube en tôle d'acier et une enveloppe extérieure en ciment armé.

L'association de ces éléments qui se complètent heureusement est dénommée par l'inventeur : *sidéro-ciment*.

Les *coudes*, *culottes*, *manchons de raccordement*, sont fabriqués suivant le même procédé.

Les *joints* des tuyaux en ciment armé se font par manchonnage et coulis de mortier de ciment.

Tuyaux cylindriques, ciment Portland non armé
(fig. 37 et 38)

Diamètre intérieur, c/m..	10	15	20	25	30	40
Prix, le mètre............	1.50	2.00	2.50	3.25	3.75	5.50
Diamètre intérieur, c/m..	50	60	70	85	100	
Prix, le mètre............	7.50	10 »	12 «	17 »	22 »	

Les joints de ces tuyaux se font avec un simple bourrelet de ciment gâché avec du sable.

Nous appelons l'attention de nos lecteurs sur l'emploi des tuyaux en ciment de 1 mètre, 0 m. 80 et 0 m. 70 pour puits.

Avec ce système, le prix de revient est inférieur à celui de la pierre et le puits est toujours propre, sans plantes parasites et sans infiltration d'eaux ménagères.

Ce système est adopté par tous les architectes et entrepreneurs de la région de Paris.

Les tuyaux de 0 m. 30 à 0 m. 40 sont également recommandés pour l'établissement des ponceaux et la suppression des *cassis* dans les accotements des routes.

Tuyaux de descente d'eau.— En fonte mince (fig. 197,

page 129, volume 6) se posent à joint de ciment pour
évacuation d'eau sans pression ; ces tuyaux se font
depuis 0 m. 041 de diamètre intérieur jusqu'à 0 m. 20.
Il existe toute la série des coudes et raccords, culottes
et branchements, ainsi du reste que dans tous les modèles de tuyaux en fonte (voir fig. 43 à 56).

Tous les tuyaux en fonte se vendent aux cent kilogrammes à des prix variables suivant les cours du fer

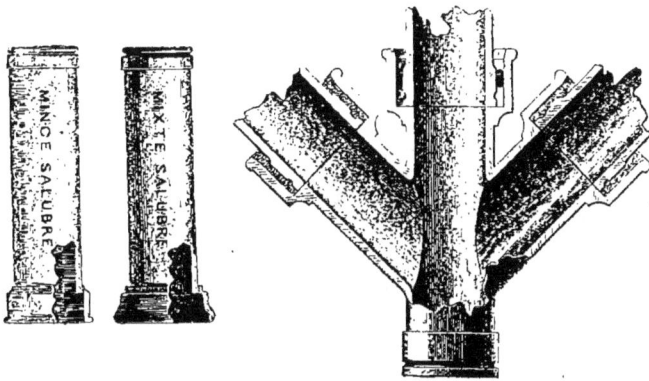

Fig. 40, 41 et 42.

et suivant le modèle du tuyau, de 25 à 40 francs les
100 kilogrammes.

Les poids des tuyaux ordinaires en fonte pour descentes d'eau sont approximativement les mêmes que
ceux indiqués ci-après pour les tuyaux salubres
minces.

Tuyaux salubres pour conduites d'assainissement.
— Ces tuyaux, adoptés par le service d'assainissement
de Paris et approuvés par l'Union Syndicale des Architectes français, permettent de faire des joints absolument étanches et peu coûteux ; de plus, si par extraor-
dinaire un joint vient à se désagréger, il est très facile
de le refaire sur place sans démonter la conduite ;

on a supprimé, en effet, dans ce genre de tuyaux, le bourrelet qui existe dans les tuyaux de descente ordinaires, à 5 ou 6 centimètres du bout mâle, et qui empêche absolument de refaire un joint jugé insuffisant.

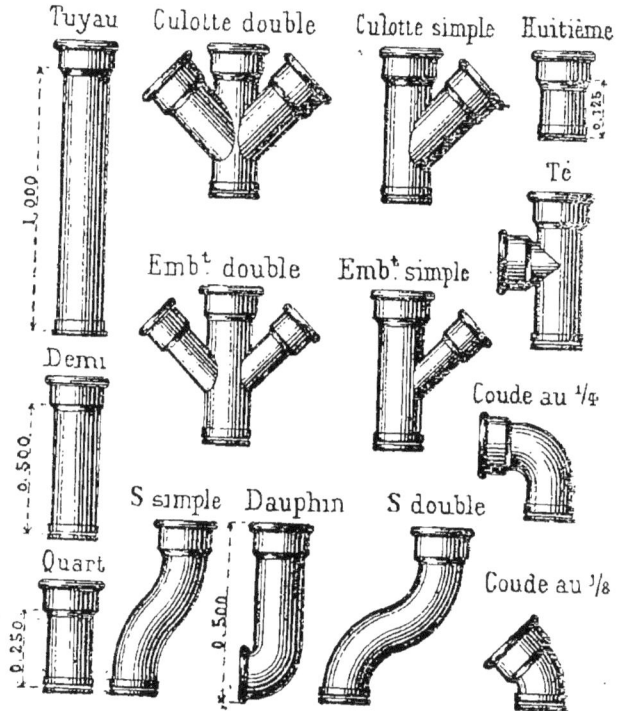

Fig. 43 à 56. — Tuyaux en fonte.

Deux séries ont été créées ; l'une légère (tuyaux minces) ayant les mêmes épaisseurs que les tuyaux de descente anciens qu'ils sont appelés à remplacer. L'autre plus épaisse (tuyaux mixtes) comporte des tuyaux plutôt réservés pour les canalisations horizontales.

Dans l'une et l'autre de ces séries, on peut faire les joints soit au ciment ou au mortier, soit entièrement à la filasse goudronnée ; soit encore en faisant une garniture à la filasse au fond de l'emboîtement et en mettant du ciment ou du mortier par dessus (fig. 40, 41 et 42) soit au caoutchouc.

Les tuyaux mixtes permettent le joint à la filasse et au plomb matté ; ils résistent à la pression de 10 mètres d'eau.

Pour des installations provisoires on peut aussi faire des joints à la terre glaise.

La Société de Pont-à-Mousson fabrique les tuyaux salubres à *eau forcée* résistant à la pression des eaux de Paris (4 kilogrammes environ).

Tuyaux en fonte à emboîtement et cordon, tuyaux à joints de caoutchouc (voir volume 11).

Tuyaux en fer (voir volume 8).

Les coudes et branchements des tuyaux en fonte sont représentés figures 43 à 56.

Tuyaux de la série légère dits minces salubres, se raccordant avec les tuyaux de descente ordinaires dont ils ont à peu près l'épaisseur.

Poids approximatifs en kilogrammes.

DIAMÈTRE	67	81	94	108	135	162	189
Bout de 1 mètre	10	11	13	15	17.5	22	26
Bout de 0.50........	5.5	7.5	8	9	11	13	14.5
Bout de 0.25	3.2	4.2	5	5.5	6.5	8	9
Bout de 0.125	2.2	2.6	3	3.5	4	5	5.5
Culotte simple	7	8	10	12	15	17	23
Culotte double.......	9	11	13	16	20	24	30
Coude au 1/8........	3	3.7	4.2	5.2	7	9	12
Coude au 1/4........	5	6.5	8	9	11	14	18
T................	5	6.5	8	9	12	16	18
Dauphin 0.50........	8	9	10	11	13	—	—

Tuyaux de la série lourde dits mixtes salubres, d'une épaisseur intermédiaire entre les tuyaux de descente et les tuyaux à eau forcée.

Poids approximatifs en kilogrammes.

DIAMÈTRE	108	135	162	189
Bout de 1 mètre............	21	27	36	41
Bout de 0 m. 50	11	16	20	23
Bout de 0 m. 25	7	9	11	14
Bout de 0 m. 125	5	7	8	9
Culotte simple............	18	22	26	31
Culotte double	23	28	37	43
Coude au 1/8	8	10	12	16
Coude au 1/4	11	14	17	20
T	14	17	22	26

Tuyaux en plomb. — Les tuyaux en plomb sont de beaucoup les plus chers au mètre courant, surtout dans les diamètres supérieurs, mais ils se façonnent facilement. On ne peut les employer sous terre, pour des dérivations, qu'en leur donnant une grande épaisseur et alors leur prix est excessif, en raison de leur poids énorme. Du reste, quelle que soit leur épaisseur, ils finissent par s'aplatir sous leur propre poids et sous celui des terres de recouvrement. Il faut donc limiter strictement leur emploi à la distribution intérieure des maisons et à de très petites dérivations comme par exemple l'alimentation des prises d'eau de petit diamètre ; encore celles-ci peuvent-elles être faites plus solidement et à meilleur marché en tubes de fer.

L'eau d'alimentation ne doit pas séjourner longtemps dans les tubes de plomb même s'ils sont étamés à l'intérieur. L'eau bouillante ramollit le plomb, on ne doit donc pas l'employer pour conduire l'eau chaude.

Si la durée du métal plomb est indéfinie, il n'en est pas moins vrai que le tuyau de plomb se trouve mis hors de service à cause de son peu de dureté.

Les tuyaux de plomb se raccordent par des nœuds ou bourrelets *ovoïdes* en soudure d'étain ou par *brides* en fer.

Poids des tuyaux en plomb (en kilogrammes).

Diamètre intérieur	ÉPAISSEURS EN MILLIMÈTRES								
	2	3	4	5	6	7	8	9	10
m/m 10	0,86	1,39	2,00	2,68	3,43	4,25	5,14	6,10	7,13
13	1,07	1,71	2,43	3,21	4,07	5,00	6,00	7,06	8,20
15	1,21	1,93	2,71	3,57	4,50	5,50	6,57	7,71	8,91
20	1,57	2,46	3,43	4,46	5,57	6,74	8,00	9,31	10,70
25	1,93	3,00	4,14	5,35	6,63	7,98	9,42	10,91	12,48
30	2,28	3,53	4,85	6,24	7,70	9,24	10,85	12,52	14,26
40	3,00	4,60	6,28	8,03	9,84	11,73	13,70	15,73	17,83
50	3,71	5,67	7,71	9,81	11,98	14,23	16,55	18,94	21,39
60	4,42	6,74	9,13	11,59	14,12	16,73	19,41	22,15	24,96
70	5,14	7,81	10,56	13,37	16,26	19,22	22,26	25,36	28,52

Tuyaux en caoutchouc et en toile. — On fait les tuyaux en caoutchouc avec armature en fil d'acier, pour l'aspiration des petites pompes, et en caoutchouc *entoilé* à 1, 2 ou 3 toiles superposées pour le refoulement de ces pompes et pour l'arrosage à la lance pour lequel on peut employer aussi les tuyaux en toile de chanvre.

On doit conserver les tuyaux en caoutchouc dans un local frais et obscur, non humide cependant, et étendus sur des planches ou en les suspendant verticalement.

En les accrochant de place en place sur des traver
ses horizontalement, on les détériore rapidement e
irrémédiablement par des plis et des cassures.

Les tuyaux en toile se conserveront bien si l'on
soin de les faire sécher verticalement avant de les en
rouler dans un endroit sec.

Tout pli dans un tuyau en toile provoque une cassur
bientôt suivie d'une déchirure irréparable.

Les tuyaux en toile et ceux en caoutchouc se mon
tent sur des raccords en cuivre dits *raccords 3 pièces*
Les ligatures se font avec du fil de fer galvanisé o
encore au moyen de colliers à vis vendus par les mar
chands d'accessoires de pompes.

Tuyaux en grès vernissé ou en terre cuite. — Quan
ces tuyaux sont bien cuits, il sont sonores. Le grè
vernissé convient pour les canalisations à écoulemen
libre ou supportant une faible pression. Le grès est
en effet, une matière dure, homogène, cuite à haut
température, dont la porosité est très faible (fig. 5
à 73).

Il est recouvert d'un vernis qui le protège aussi bier
à l'intérieur qu'à l'extérieur, en sorte qu'il n'est atta
qué ni par les liquides qu'il véhicule, ni par les terrain
dans lesquels il se trouve.

Les tuyaux en grès s'emploient pour les canalisa
tions intérieures et extérieures des maisons, les cap
tages de sources, dérivations, drainages. Les industrie
chimiques trouvent en eux de précieux auxiliaires
pour l'écoulement de leurs produits fabriqués ou d
leurs eaux résiduaires. L'ingénieur Durand-Claye le
recommandait il y a déjà longtemps, comme étant c
qu'il y avait de préférable pour les égouts de petit
section. La pratique a confirmé cette opinion et à
l'heure actuelle les tuyaux de 40 à 50 centimètres sont

très employés comme petits égouts. L'eau y coule très facilement et les dépôts n'y adhèrent pas.

La pente sera toujours celle maximum compatible avec le travail à exécuter ; elle sera aussi régulière que possible, surtout pour les eaux contenant des matières en suspension, de façon à éviter les dépôts qui se formeraient fatalement, si la pente venait à diminuer, occasionnant par suite une diminution dans la vitesse. Le sol sera toujours aussi stable qu'on pourra le choisir ; éviter, si possible, les terrains marécageux.

Le fond de la tranchée sera bien dressé et damé, garni de sable ou de gravier, si nécessaire. Des empochements seront réservés à l'endroit des joints, de façon à ce que le tuyau porte sur toute sa longueur et non pas sur le collet seulement.

Le joint sera fait en ciment de bonne qualité mélangé de sable, il sera bien lissé à l'intérieur (1/3 de ciment et 2/3 de sable fin) (fig. 74).

Les figures suivantes montrent les divers tuyaux en grès vernissé :

57. — Bout de tuyau de 0 m. 20.
58. — Bout de tuyau de 0 m. 30.
59. — Bout de tuyau de 0 m. 60.
60. — Bout de tuyau de 0 m. 80
61. — Bout de tuyau de 1 mètre.
61. — Tuyau avec operculaire.
62. — Clapet d'extrémité de déversoir.
63. — Coude 1/4.
64. — Coude 1/8.
65. — Cône de raccordement.
66. — Té.
67. — Coude avec regard ou branchement.
68. — Culotte double.
69. — Cône de raccordement.

70. — Culotte simple avec branchement.
71. — Culotte simple.
72. — Tampon hermétique ou regard.
73. — Culotte double avec regard.
75. — Siphon avec dégorgement en dessous.
76. — Siphon vertical avec branchement.
77. — Siphon avec branchement et regard.
78. — Siphon rond à panier.
79. — Siphon de cour à grille.
80. — Culotte de chasse ou coude double.
81. — Tampon hermétique.

Nota. — Les tuyaux et raccords de tuyaux représentés figures 75 à 81 se font aussi bien en grès vernissé qu'en fonte dans les divers types de ces dernier tuyaux.

On peut aussi faire les joints avec un mastic composé d'un tiers d'asphalte et de deux tiers de goudron mélangés à chaud (ces joints ne doivent pas être exposés à la chaleur).

Pour une installation provisoire, on peut faire le joints avec de la terre glaise, ce qui permet de démonter les tuyaux sans les briser.

Les tuyaux en grès vernissé peuvent être employés pour conduire l'eau sous pression de 2 kilogrammes au plus lorsqu'il n'y a *aucun coup de bélier à redouter.*

Consulter à ce sujet : *Le Tuyau en grès vernissé, ses propriétés, son utilisation,* par André Rousseau (Comptoir des grès, 8, rue Buffault, Paris). On fait en grès vernissé des *syphons,* des *culottes* et des *regards ou tampons hermétiques* représentés par nos gravures 75 à 81.

Tuyaux à collet. — Les diamètres 6 et 8 se font par bouts de 0 m. 60 de longueur utile.

Fig. 57 à 73. — Tuyaux en grès vernissé à collet.

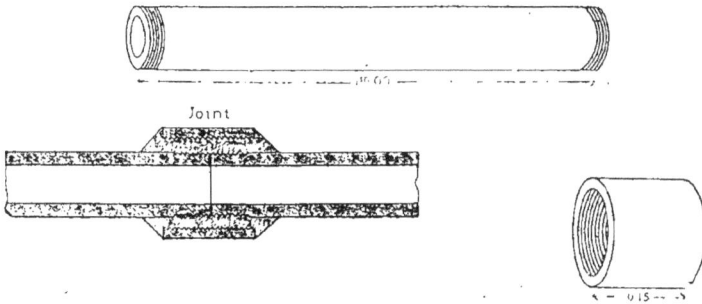

Fig. 74. — Tuyau en grès vernissé avec son manchon et la manière
de faire le joint.

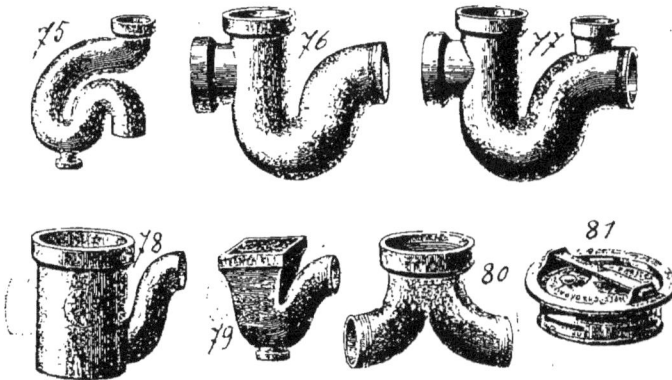

Fig. 75 à 81. — Siphons en grès vernissé.

Les diamètres 10 à 25 se font par bouts de 0 m. 60 et de 0 m. 80 de longueur utile.

Les diamètres de 30 à 50 se font par bouts de 0 m. 60 de longueur utile.

De plus, dans tous les diamètres, il se fait des raccords de 0 m. 30 et de 0 m. 20.

Les bouts de 0 m. 80 et de 0 m. 60 sont comptés pour leur longueur réelle ; les raccords de 0 m. 20 et de 0 m. 30 sont mesurés sans le collet, c'est-à-dire qu'ils sont facturés comme s'ils avaient 0 m. 25 et 0 m. 35 de longueur.

Tuyaux en poterie ordinaire. — Ces tuyaux ne peuvent supporter aucune pression, on ne les emploie que pour le drainage ou l'écoulement naturel des eaux. Si la cuisson de la poterie n'est pas suffisante, l'humidité ne tarde pas à détériorer ces tuyaux et à les rendre très fragiles par suite de leur porosité excessive.

Voici les prix de quelques dimensions des tuyaux en poterie, par bouts de 0 m. 50.

Diamètre : 6 centimètres	0 fr. 42
— 8 —	0 fr. 50
— 10	0 fr. 58
— 12	0 fr. 65
— 14	0 fr. 80

Les joints se font au mortier de ciment, le montage doit être fait sur un sol absolument dur et invariable à peine de bris fatal de la canalisation.

Pour le drainage, les tuyaux en poterie sont simplement mis bout à bout sans jointement.

Tuyaux en tôle galvanisée. — Ces tuyaux sont formés d'une feuille de tôle enroulée et rivée ; à chaque extrémité libre est une *bride* en *cornière* de fer rivée sur le tuyau en tôle. Le tuyau terminé est alors galvanisé. Ces tuyaux résistent aux plus hautes pressions, selon l'épaisseur de leur tôle.

Finissage intérieur des joints au ciment. — Il arrive le plus souvent que le ciment du joint fait saillie à l'intérieur du tuyau, ce qui diminue l'orifice et arrête les impuretés au passage en les empêchant d'être entraînées par le courant d'eau.

Pour enlever ces *bavures* de ciment, qui se produi-

Fig. 82.

sent surtout dans les joints à *manchon*, on emploie l'appareil ci-dessous (fig. 82) qui se compose d'un *tampon* et d'un *traînard* :

1º *Tampon.* — C'est une tige T en fer plein, terminée d'un côté par un anneau et taraudée à l'autre extrémité, avec écrou en forme d'anneau. — Cette tige est l'âme d'une bobine en bois garnie de crin recouvert de toile. — La toile est fixée sur la bobine avec des clous en cuivre à tête ronde. — Le tampon est muni à sa partie postérieure d'une rondelle en caoutchouc d'un diamètre un peu plus fort que celui du tuyau.

2º Le traînard *t* est relié au tampon par une cordelette de 2 m. 50 de longueur, C. Il se compose d'une tige en fer creux de 0 m. 20 de longueur, munie aux deux extrémités de rondelles en caoutchouc d'un diamètre un peu supérieur à celui du tuyau et maintenues par deux rondelles en tôle forte.

En promenant l'appareil dans le tuyau *dès que le joint est fait*, les bourrelets intérieurs du ciment sont enlevés et les joints parfaitement *lissés*.

CHAPITRE IX

INSTALLATION DES TUYAUTERIES

La dépense d'achat et de pose des tuyauteries et des canalisations est une des plus importantes dans une installation hydraulique. Elle dépasse souvent de beaucoup l'achat des machines et le coût des réservoirs.

Quelle que soit la nature des tuyaux adoptés, on devra les enterrer assez profondément pour qu'ils soient à l'abri des plus fortes gelées d'hiver. Les tranchées devront donc avoir, selon l'exposition et le climat, de 0 m. 60 à 1 mètre de profondeur.

La profondeur suffisante des tranchées devra aussi garantir les tuyaux des chocs et des fatigues qui peuvent provenir du roulage ou d'autres causes, par exemple quand la canalisation doit traverser un chemin où passent les charrettes. En ce cas il sera quelquefois nécessaire de protéger les tuyaux en les faisant passer dans un viaduc en maçonnerie sous la traversée de la route charretière.

Les tuyaux devront autant que possible reposer sur le sol dur et non sur un terrain remblayé sujet à des affaissements ou à des éboulements. En ce dernier cas, il sera bon de prévoir des travaux de consolidation du sol pour assurer la fixité de la canalisation indépendamment des mouvements possibles du sol.

Sur les murs, on soutient les tuyaux par des *colliers* à scellement en fer forgé ou (fig. 82 *bis*) en cuivre pour les petits tuyaux.

Avant de recouvrir les tranchées, il sera nécessaire

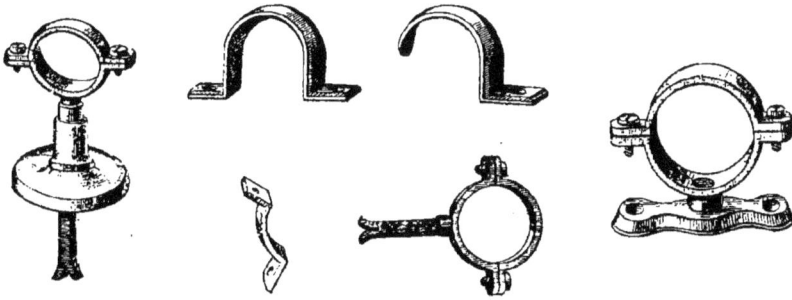

Fig. 82 *bis*.

de faire un essai des canalisations, soit avec une pompe de compression, soit au moyen des pompes de service, soit avec l'eau de la ville, afin de constater les fuites et de les réparer avant le remblayage des tranchées.

Autant que possible, il faut pouvoir vider complètement les tuyauteries ; à cet effet, on réservera un robinet de vidange à chaque point bas de la canalisation ; ce robinet pourra écouler les eaux dans un puisard en pierres sèches.

Dans l'étude d'une canalisation, la détermination du diamètre des tuyauteries a une grande importance, l'emploi de tuyaux de trop faible diamètre fait travailler les pompes d'une façon excessive et anormale ;

l'eau distribuée ainsi n'arrive aux bouches d'eau qu'avec une pression trop faible.

Sans entrer ici dans des considérations théoriques, nous dirons que dans la pratique, un tuyau doit avoir *au moins* le diamètre de l'orifice qu'il dessert, tant que la longueur de ce tuyau n'excède pas 50 mètres. Au-dessus de 50 mètres de longueur, il est utile, si l'on ne veut pas subir de *perte de charge* importante, de prendre le tuyau du diamètre au-dessus de l'orifice à desservir. Ainsi par exemple, une pompe d'orifice de 60 millimètres sera dans de bonnes conditions de travail avec un tuyau de refoulement de 50 mètres de long et 60 millimètres de diamètre (1).

Mais si ce tuyau devait avoir de 50 à 100 mètres de longueur, il ne faudrait pas hésiter à le prendre de 70 millimètres de diamètre intérieur et même davantage pour une plus grande longueur. De même pour le tuyau d'adduction à une prise d'eau.

Pour les canalisations très importantes et de très grande longueur on pourra adopter encore une plus grande différence entre les diamètres des tuyaux de conduite principale et ceux des orifices des pompes tant à l'aspiration qu'au refoulement.

Dans le tracé de la canalisation, on évitera avec le plus grand soin les *coudes brusques* qui ont pour effet de briser la vitesse de l'eau et occasionnent un travail inutile aux pompes. A la campagne, il est le plus souvent très facile de réaliser un tracé en ligne droite ou du moins avec des coudes très arrondis et de grande ouverture ; c'est ainsi que l'on devra procéder pour donner aux machines le travail moindre et à conserver la pression de l'eau dans les conduites de distribution.

(1) Nous parlons ici du cas d'une pompe, mais pour la distribution des eaux d'un secteur public, nous donnerons plus loin les diamètres des tuyaux à adopter.

Cloches à air sur les tuyauteries. — On sait que les pompes sont munies de cloches à air, aussi bien au refoulement qu'à l'aspiration, destinées à empêcher les chocs de l'eau ou *coups de bélier* dus au jeu des pistons et des soupapes. Quand les conduites d'eau ont une grande longueur et des coudes brusques, il arrive que les cloches à air de la pompe ne sont pas suffisantes pour éviter les coups de bélier dans la tuyauterie. Il devient alors nécessaire de placer sur le parcours des tuyaux et plus spécialement aux coudes brusques ou au bas des montées verticales, des cloches à air destinées à régulariser le mouvement de l'eau dans les conduites.

Il faut remarquer que les coups de bélier se produisent aussi bien à l'aspiration qu'au refoulement et surtout lorsque le diamètre des tuyaux est faible et que l'eau y circule avec une grande vitesse. Ils se produisent aussi dans les canalisations d'eau sous pression quand on ferme un robinet ; leur effet est de disloquer les joints et emboîtements et peut même briser les tuyaux. Les cloches à air se placent au dessus des *nourrices* et quelquefois au-dessus des robinets de prise d'eau.

CHAPITRE X

ROBINETTERIE. — PRISES D'EAU

La robinetterie de bâtiment comprend les *robinets d'arrêt* et les *robinets de puisage*. Nos gravures montrent les modèles les plus courants de ces divers appareils :

Figure 83. — Robinet vanne pour arrêt de grosses canalisations.

84. — Robinet d'arrêt avec contre-brides boulonnées.

85. — Boulon de plombier avec écrou à *chapeau*.

86. — Robinet d'arrêt avec clé *rodée* et *simple clavette, bouts à souder*.

87. — Le même mais avec clé maintenue par un écrou et une rondelle.

88. — Robinet d'arrêt *anti-fuite*, avec deux *bouchons vissés* sur la tête et sur l'écrou de la clé pour empêcher les suintements qui se produisent fréquemment dans les robinets à rodage.

89. — Robinet d'arrêt à *soupape* avec *vis extérieure* dite *vis cadet* et raccords à vis.

90. — Robinet d'arrêt à soupape avec *vis intérieure, bouts à souder* sur les tuyaux de plomb.

91. — Robinet à *flotteur* pour alimentation de réservoir.

92. — Robinet d'arrêt à clef mobile, avec petit robinet de décharge des tuyaux ; ce modèle s'emploie à la

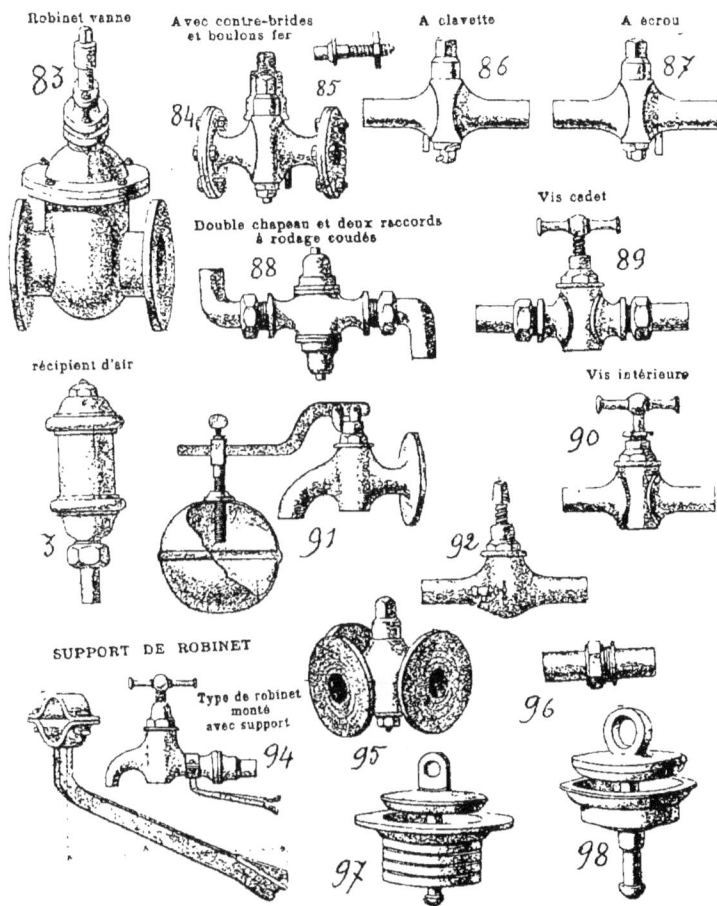

Fig. 83 à 98.

base des colonnes montantes exposées à la gelée et qu'il est nécessaire de pouvoir vider de l'eau qu'elles contiennent.

93. — Récipient d'air *anti-bélier* pour atténuer les chocs d'eau dans les conduites.

94. — Support en fer forgé pour robinet de puisage ou autre.

95. — Robinets à *trois eaux* ou *trois voies* permettant de changer la direction de l'eau.

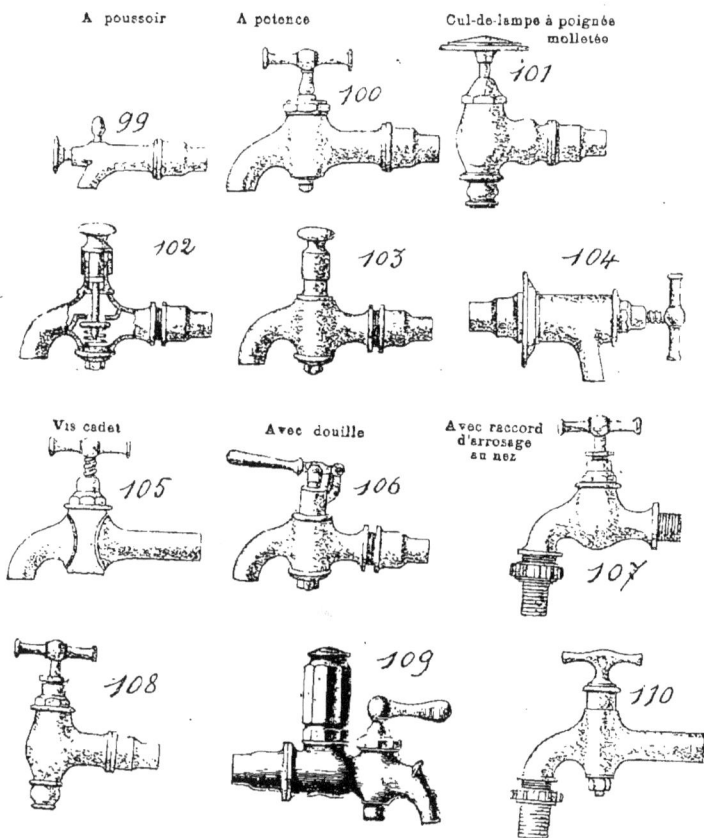

A poussoir   A potence   Cul-de-lampe à poignée molletée

Vis cadet   Avec douille   Avec raccord d'arrosage au nez

Fig. 99 à 110.

96. — Raccord à trois pièces pour tubes en métal, en caoutchouc ou en toile.

97. — Bonde ou soupape de fond pour réservoir ou baignoire, *à sceller* dans la maçonnerie ou le grès.

98. — La même pour souder sur une paroi métallique.

Les figures suivantes montrent les divers robinets
de puisage :

99. — Robinet à poussoir et soupape.

100. — Robinet à vis intérieure et soupape.

101. — Le même avec poignée moletée.

102 et 103. — Robinet à bouton et soupape.

104. — Robinet horizontal à vis.

105. — Le même avec boisseau vertical.

106. — Robinet à levier avec douille à souder.

107. — Robinet à soupape, vis intérieure et nez
fileté pour recevoir un raccord d'incendie, de douche
ou d'arrosage.

108. — Robinet d'évier à vis intérieure et soupape.

109. — Robinet muni d'un récipient *anti-bélier*.

110. — Robinet à rodage avec raccord d'arrosage.

Les robinets à rodage ou à vis ne s'ouvrent ou ne
se ferment que par l'action de celui qui s'en sert, d'où
une dépense d'eau souvent exagérée. Afin de remédier
à cet inconvénient, les propriétaires d'immeubles
emploient des *robinets à poussoir*, figures 99, 102, 103,
ou à levier, figure 106, qui se ferment automatiquement dès qu'on a cessé d'appuyer sur le bouton ou
levier. Malgré cela, les locataires trouvent moyen de
caler le poussoir de façon à laisser couler l'eau sans
interruption.

On tourne cette difficulté au moyen des robinets
dits à *débit limité* qui ne laissent couler qu'une certaine
quantité d'eau chaque fois que l'on appuie sur leur
poussoir : le locataire est donc obligé de faire sur ce
poussoir une série de pressions sans lesquelles le
débit s'arrête malgré que le poussoir soit baissé. Ces
appareils fonctionnent au moyen de soupapes diffé-
rentielles de mécanisme assez compliqué ou par la chute

d'une soupape pesante que le mouvement du poussoir soulève momentanément (fig. 110 *bis*).

Les robinets de puisage à *soupapes* sont soit *à soupape métallique rodée* sur son siège, soit à soupape

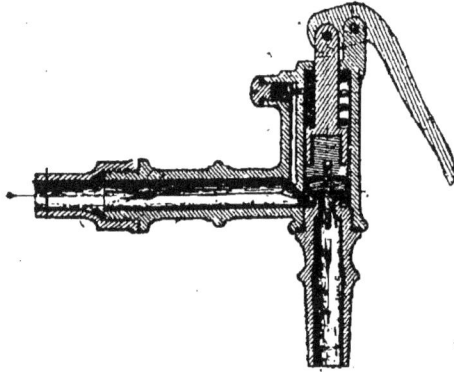

Fig. 110 *bis*.

garnie de caoutchouc ; en ce cas la rondelle de caoutchouc formant fermeture se remplace facilement quand elle est usée.

Les orifices des robinets de puisage d'appartement sont de 8 à 14 millimètres suivant la pression. Pour les bornes-fontaines et les prises d'eau de lavage, on prend de 14 à 27 millimètres et pour les bouches d'incendie de 30 à 50 millimètres.

Bornes-fontaines. — Les *bornes-fontaines* sont des prises d'eau publiques posées dans les rues ou dans les cours des maisons ; elles se composent de la *borne* en fonte qui porte le robinet d'eau et du *souillard* en fonte ou en pierre qui forme le soubassement (fig. 111) et qui est muni d'une grille et d'un *siphon à panier* pour empêcher les corps solides de passer dans la canalisation d'évacuation (fig. 116). Le *panier* P du siphon se retire facilement pour le nettoyage ; l'eau qui séjourne dans le siphon empêche les mauvaises odeurs de remonter de l'égout.

La figure 112 montre l'installation d'une borne-fontaine avec robinet d'arrêt R qui est commandé par une clef mobile que l'on introduit dans la *rallonge A*, ce qui permet d'arrêter l'eau en cas de gelées ou de réparations à la borne-fontaine.

Les robinets de ces appareils sont à *poussoir*, à *levier* ou à *vis*, analogues aux modèles décrits précédemment.

Prises d'eau à fleur du sol. — Ces prises d'eau, figure 113, se posent au ras du trottoir et servent pour l'arrosage et l'incendie. On peut y visser un tuyau souple ou bien un *col de cygne* (fig. 114) permettant de remplir des arrosoirs ou des seaux.

La figure 115 montre l'installation d'une de ces prises d'eau qui comporte aussi un robinet d'arrêt A, mais on ne met pas toujours ce robinet d'arrêt. Ces prises d'eau se font avec robinet à soupape et à vis dont la tête est le plus souvent à *carré*, de façon que quiconque ne puisse pas les ouvrir.

Prises d'eau contre l'incendie. — Dans tous les immeubles où existe l'eau sous pression il devrait y avoir des *postes d'incendie* permettant d'attaquer le feu à son début avant qu'il n'ait pris de grandes proportions. La figure 121 montre un robinet de grand orifice avec nez fileté pour poste d'incendie ; la figure 117 est un poste d'incendie se logeant dans l'épaisseur d'un mur ; 118 est un seau en toile et 117 un support de tuyaux souples que l'on met à côté du poste.

La figure 120 montre un poste d'incendie pour théâtres ou établissements publics, usines, etc..., où tout est réuni pour attaquer le feu sans retard.

PRISES D'EAU

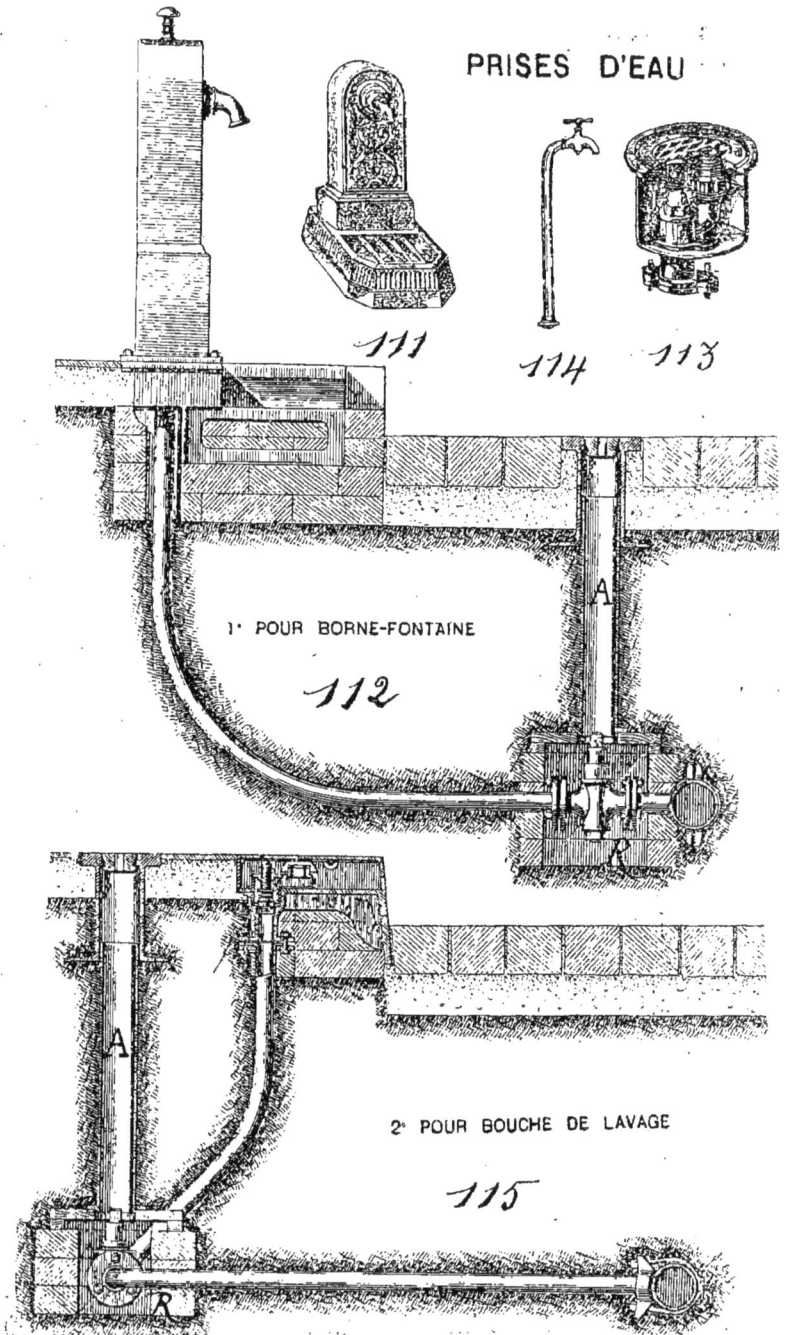

1ᵉ POUR BORNE-FONTAINE

2ᵉ POUR BOUCHE DE LAVAGE

Fig. 111 à 115.

La figure 122 est une prise d'eau *incongelable* pour mettre à fleur du sol. Le robinet se trouve à 0 m. 80

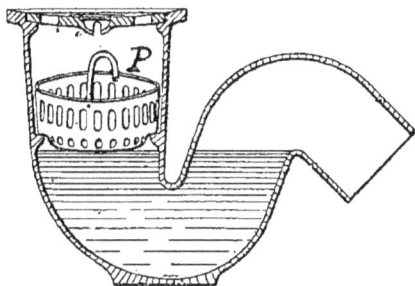

Fig. 116.

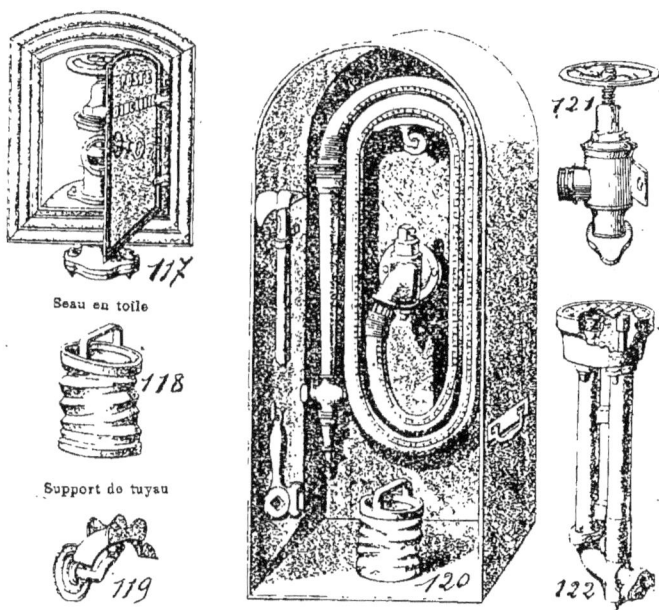

Seau en toile

Support de tuyau

Fig. 117 à 122.

environ de profondeur, et est commandé par une tige montant jusqu'au sol.

(Voir chapitre XVIII, la *Construction des réservoirs d'eau.*)

CHAPITRE XI

ÉVIERS ET VIDOIRS

Un *évier* destiné à laver la vaisselle est composé d'une pierre évidée E, figure 129, scellée dans les murs et soutenue par une console C en pierre ou par des *corbeaux* en fer forgé. Généralement, la pierre évidée est prolongée par un plan P appelé *repose-cruche*. Tout autour de l'évier on scelle un *dossier* DD en pierres ou en carreaux de faïence, faciles à tenir propres, et dans lesquels est scellé le robinet de prise d'eau R. L'orifice de décharge O est muni d'une grille (fig. 141 et 127) ou d'une *bonde siphoïde* à charnière (fig. 126 et 142), qui empêchent les corps solides d'entrer dans les tuyaux d'évacuation et les odeurs de remonter dans la cuisine. Malgré cela, ce tuyau d'évacuation doit toujours être muni d'un *siphon* S avec bouchon de nettoyage et tuyau d'aérage A qui débouche au dehors et empêche que le siphon ne se vide par suite d'une chasse d'eau trop violente.

Les figures 135 à 140 montrent les divers modèles de siphons pour éviers ; ces siphons sont en plomb durci, en cuivre ou en grès cérame. Le tuyau d'éva-

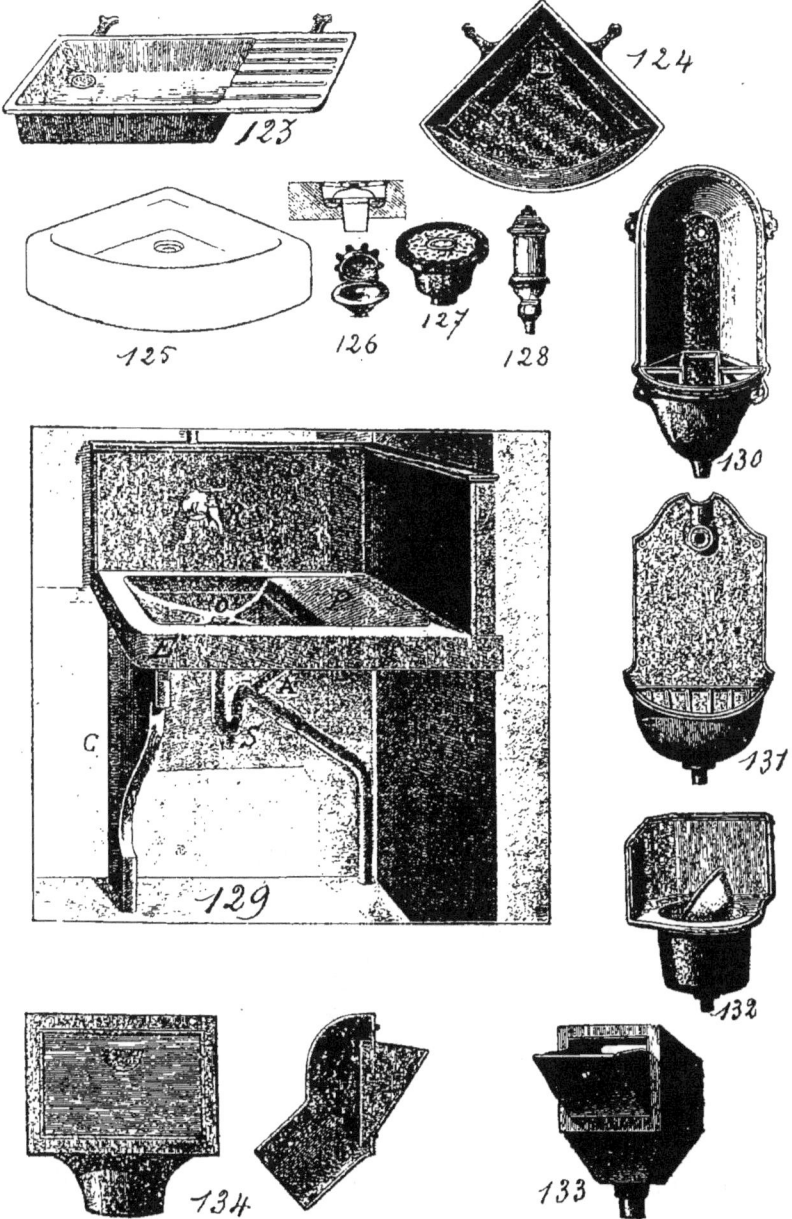

Fig. 123 à 134.

cuation a de 30 à 50 millimètres de diamètre intérieur.
On empêche les coups de bélier produits dans la

AVEC BOUCHONS DE DEGÔRGEMENT EN CUIVRE

A sortie droite   A sortie oblique   A sortie horizontale   A entrée et sortie horizontales

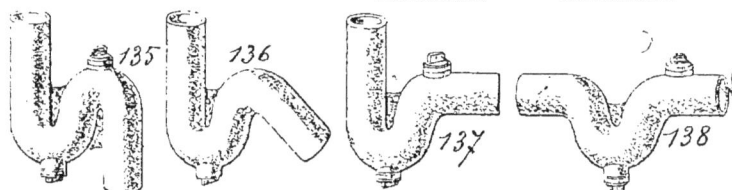

AVEC BONDE A GRILLE en cuivre et à vis   **SIPHONS BIBERON** pour colonne directe, 2 bouchons

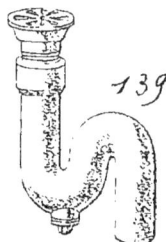  

Fig. 135 à 142.

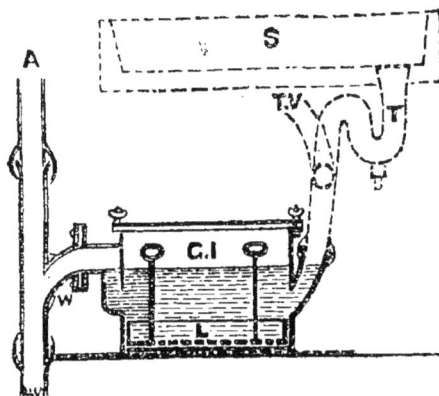

Fig. 143.

conduite d'eau sous pression en mettant près du robinet R un *récipient d'air* (fig. 128). On fait les éviers
en pierre dure de Lorraine ou de Corgoloin, en grès ou
en faïence (fig. 125), en fonte émaillée (fig. 123 et

124), pour murs de face ou pour angles (fig. 124 et 125).

L'évier doit recueillir les graisses des eaux de cuisine pour les empêcher de s'écouler dans les drains où elles peuvent se coaguler et former des masses faisant obstacle à l'écoulement des eaux et dégageant des odeurs infectes. M. Hellyer a imaginé pour cela un siphon formé d'une boîte rectangulaire de 0 m. 55 de long, à couvercle mobile, dans laquelle doit séjourner une quantité d'eau qui se nivelle avec le point inférieur du drain d'évacuation (fig. 143) ; dans cette eau viennent plonger de 0 m. 07 deux tubes, un d'entrée et un de sortie, placés aux deux extrémités de la boîte, de manière que les eaux grasses pénétrant dans le tube T sont obligées de traverser la nappe d'eau froide pour aller retrouver le tube conduisant au drain. Pendant le trajet d'un tube à l'autre, la graisse solidifiée par le froid et plus légère que l'eau remonte à la surface entre les deux tubes et séjourne là jusqu'au moment où l'on fait le curage, qui se fait en dévissant la plaque, et aussi souvent qu'il est nécessaire.

Vidoirs ou cuvettes, dits plombs. — Sur chaque palier, dans les maisons anciennes non munies du confort moderne, on dispose des cuvettes, dites *plombs*, pour le service commun des locataires.

Les figures 132 et 133 montrent des plombs *d'étage* que l'on munit toujours d'un *siphon* pour empêcher la remontée des mauvaises odeurs.

Vidoirs-lavabos ou postes d'eau. — Les figures 130 et 131 montrent des *vidoirs* munis d'un robinet de puisage pour lavabo ou prise d'eau de locataires. On munit ces vidoirs de siphons. Ils se font en fonte émaillée ou en faïence ou grès. Les diamètres de tuyauteries sont les mêmes que pour les éviers.

Cuvettes à détritus. — Dans beaucoup de constructions neuves, on établit un tuyau de *gros diamètre* pour l'évacuation des résidus ménagers ou *ordures solides.*

Ce tuyau débouche à la partie inférieure dans la boîte à ordures.

A chaque étage, la cuvette (fig. 134) branchée sur une culotte, permet de déverser les détritus.

Dimensions du rectangle apparent...   0m34×0m31
Diamètre de sortie...............   0m170
   Prix (intérieur émaillé)....   28   »

CHAPITRE XII

LAVABOS ET SALLES DE BAINS

Les anciens lavabos ou *toilettes* d'appartement, comportaient généralement un meuble en bois plus ou moins revêtu de marbre avec cuvette fixe ou mobile ; le bois du meuble ne tardait pas à s'imprégner d'humidité et devenait le siège de moisissures et de pourritures malodorantes. Les *lavabos* modernes se font *entièrement* en faïence, porcelaine, grès cérame n'offrant aucune prise à l'humidité ni aux moisissures. Nos gravures 144 et 145 montrent deux types de ces lavabos en céramique, l'un sur colonne, l'autre sur consoles en fonte scellées au mur. L'alimentation est à *eau chaude* et *eau froide*, la vidange se fait directement à l'égout par une bonde et un siphon, comme il a été dit pour les éviers.

La figure 146 est un *bidet*, avec aussi alimentation d'eau chaude et froide, sur pied en faïence ou grès émaillé. La figure 147 montre l'installation de lavabos pour lycées, casernes, usines, etc. ; la distance d'axe en axe des cuvettes est de 0 m. 465 ; environ

0 m. 60 serait plus convenable pour donner assez de place aux occupants.

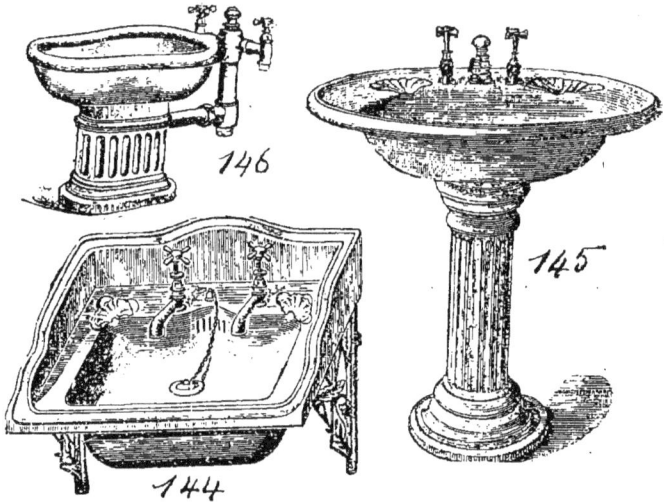

Fig. 144 à 146.

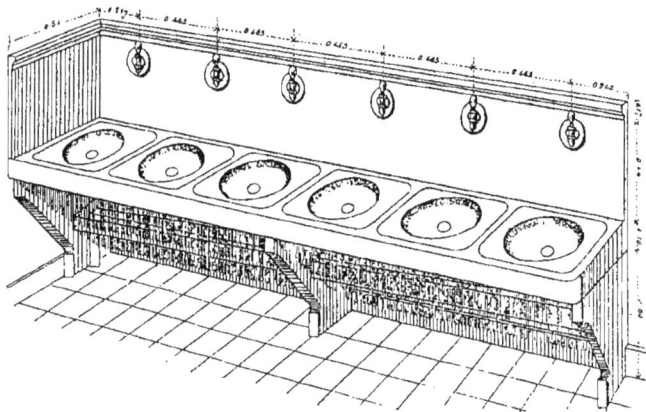

Fig. 147.

L'installation des salles de bains a fait aussi des progrès énormes comme luxe et comme confortable.

Autrefois, on établissait la baignoire au-dessus d'un *terrasson*, comme le montre la figure 148, d'où l'eau s'écoulait plus ou moins imparfaitement, laissant de

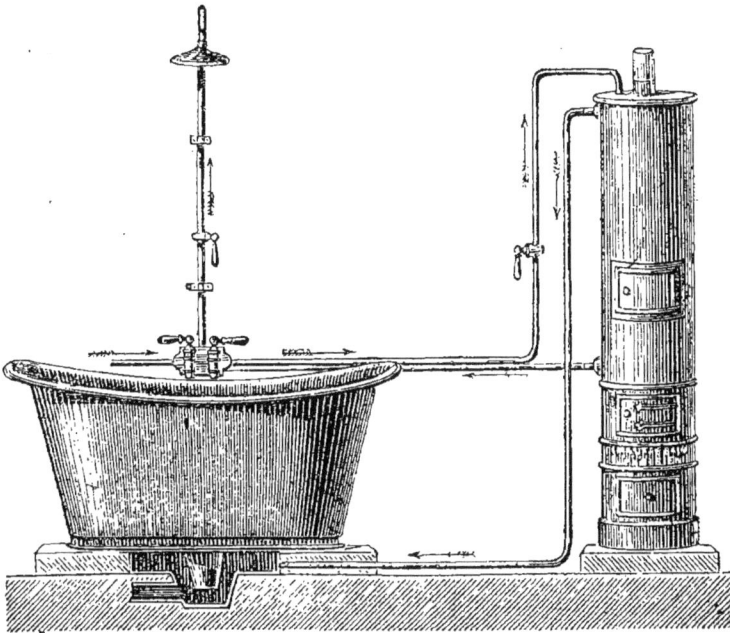

Fig. 148.

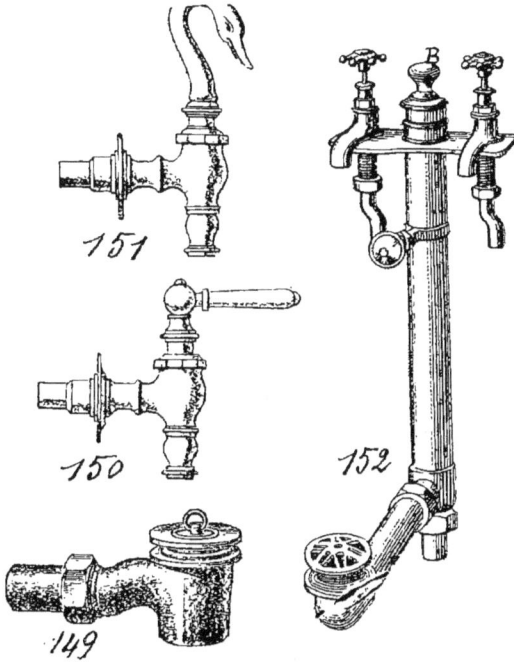

Fig. 149 à 152.

l'humidité et des odeurs de moisissure dans la salle de bains. Il est préférable de faire l'écoulement direct de l'eau du bain à l'égout par un tuyau continu avec bonde à siphon dans le genre de celle représentée figure 149, ce qui n'empêche pas de mettre encore sur la canalisation un deuxième siphon. L'alimentation de la baignoire se fait en eau chaude et froide avec des robinets à *col de cygne* (fig. 151) ou à manette (fig. 150) que l'on réunit sur un support (fig. 157) avec une *coquille porte-savon*.

L'appareil combiné (fig. 152) comporte deux arrivées d'eau chaude et froide et une décharge d'eau à grille, qui se manœuvre par le bouton B. Cet appareil en cuivre nickelé s'adapte aux belles baignoires en grès ou en faïence émaillée que l'on préfère maintenant aux anciennes baignoires en zinc ou en cuivre étamé ou même à celles en fonte émaillée (fig. 158) dont l'émail s'écaillait parfois.

La figure 160 représente l'installation d'une salle de bains moderne avec :

Garde-robe inodore.

Bidet.

Toilette-lavabo.

Baignoire et chauffe-bains au gaz.

Le sol et les soubassements des murs sont recouverts de carreaux en grès ou en faïence émaillée, lavables. Les panneaux des murs sont peints en *vernissé* ou recouverts de plaques de faïence ou de verre.

Le chauffage des bains s'obtient de diverses manières; nous avons, dans le volume 10, indiqué la distribution d'eau chaude par le fourneau de cuisine ; la figure 159 *bis* en montre l'application aux bains et aux toilettes.

Les figures 148 et 153 montrent des chauffe-bains à *thermo-siphon* chauffés au bois ou au charbon, qui conviennent bien à la campagne. Les figures 154 et

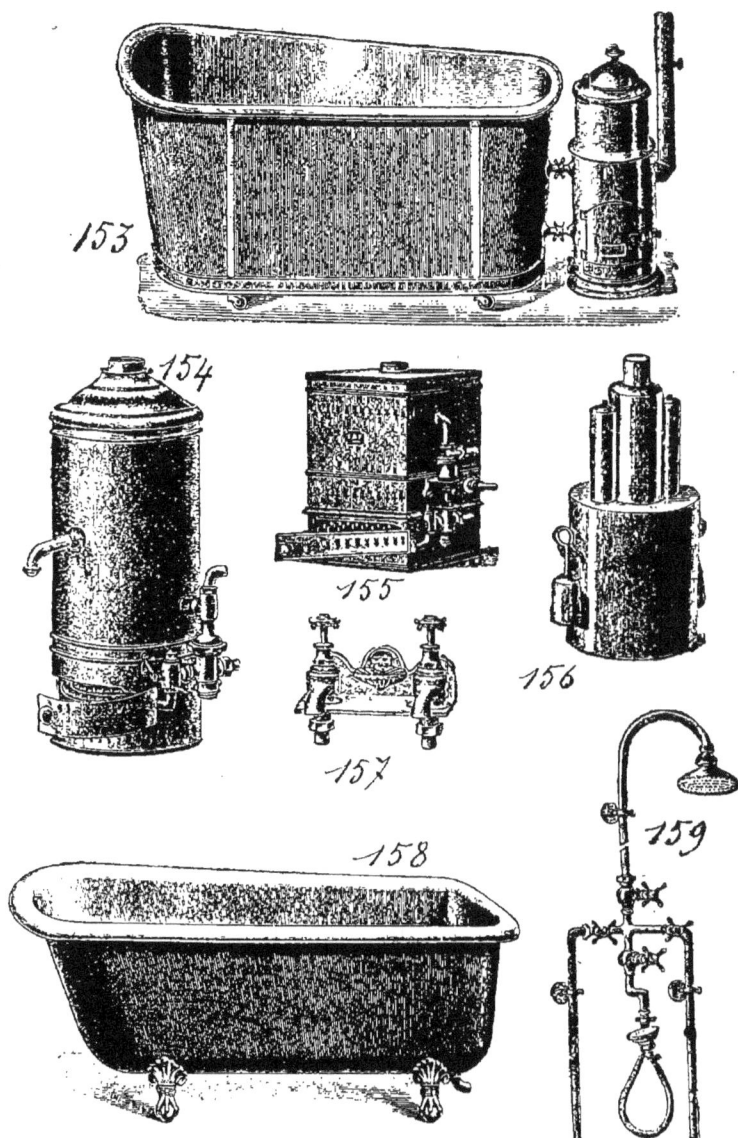

Fig. 153 à 159.

155 sont des chauffe-bains au gaz; ces appareils donnent un bain chaud en cinq à dix minutes avec une

dépense de 20 centimes soit environ un mètre cube de gaz.

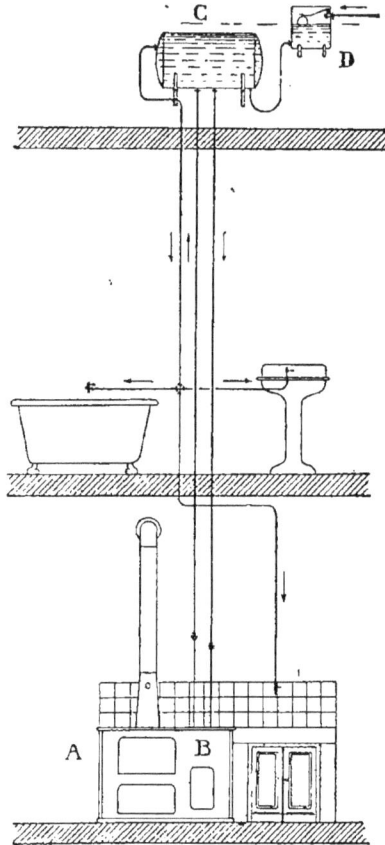

Fig. 159 *bis.*
Type d'installation d'un service d'eau chaude. — Cette installation se compose de : A. Fourneau de cuisine, type spécial. — B. Bouilleur formant foyer, en acier laminé soudé à l'autogène, avec tampon de nettoyage et tubulures de raccordement. — C. Réservoir bouilleur de 150 dmc. cylindrique et hermétique, en tôle d'acier garni d'un tampon de nettoyage et tubulures de raccordement. (Ce réservoir peut être placé à l'étage inférieur, dans la cuisine, par exemple, le réservoir D d'eau froide restant à sa place à l'étage supérieur.) — D. Réservoir d'alimentation et de pression, avec robinet à flotteur et supports à scellement.

L'appareil (fig. 156) est un fourneau à *charbon de bois* qui se place au milieu même de l'eau dans la baignoire ; il est maintenu au fond par des poids et l'air

arrive, sur le charbon enflammé, par des tubes verti-
caux sortant hors de l'eau. Cet appareil chauffe bien
un bain, mais il a le défaut de produire des émana-

Fig. 160.

tions carboniques qu'il faut évacuer au dehors par
un tuyau de poêle amovible.

On fait aussi maintenant des appareils chauffe-
bains électriques dont la dépense considérable de
courant électrique est compensée par une rapidité
et une propreté extrêmes dans le service.

Il existe aussi des chauffe-bains au pétrole (voir
fig. 139, volume XI).

Pour les gens qui n'ont pas chez eux la place d'installer une salle de bains, signalons l'appareil appelé
sirène, représenté fermé figure 161 et en fonction
figure 162 ; on y trouve rassemblés dans un meuble
de 0 m. 65 × 0 m. 65 le chauffe-bain au gaz et la
baignoire, dont la vidange se fait par un tube ingé-
nieusement disposé sur le côté du socle.

Cet appareil chauffe un bain en dix à quinze minutes pour une dépense de 0 fr. 20.

Nous avons nous-même installé jadis une baignoire dans un corridor d'appartement ; cette baignoire en zinc léger se remontait au plafond par un

Fig. 161.   Fig. 162.

système très simple de poulies et de contre-poids, de façon qu'elle ne gênait en rien le passage dans le corridor quand on ne prenait pas de bain ; le raccordement de cette baignoire se faisait, par un simple tube de caoutchouc, pour la vidange de l'eau dans un tuyau de descente d'eau extérieur.

La figure 159 montre un appareil à douches avec alimentation d'eau chaude et froide, robinets mélangeurs, pluie et lance. Cet appareil se pose généralement au-dessus de la baignoire.

Bains-douches collectifs. — La figure 163 montre une installation de *bains-douches* pour casernes, usines, etc. Dans les établissements publics de bains-douches, les postes sont séparés par des cloisons.

L'appareil de la figure 163 comporte un chauffe-bain au charbon et une pompe foulante pour donner à l'eau la pression convenable.

Dimensions des cabinets de bains. — Il arrive fréquemment que des baigneurs se trouvent indispo-

Fig. 163.

sés, ou même asphyxiés, par la vapeur d'eau du bain et par le manque d'air dans des cabines trop exiguës.

En fixant les dimensions d'un cabinet de bains, on devrait toujours tenir compte du fait que le cabinet, plus ou moins rempli de vapeur d'eau, doit avoir plutôt plus que moins des 21 mètres cubes de capacité par personne que l'hygiène recommande de donner aux lieux clos habités. Il devrait aussi toujours exister des moyens de ventilation suffisants pour faire disparaître l'excès de vapeur; par exemple, une hotte munie d'un ventilateur tournant.

CHAPITRE XIII

ÉGOUTS

Les *égouts* se divisent en *égouts collecteurs, égouts ordinaires*, se déversant dans les précédents, et *branchements particuliers*, réunissant chaque immeuble à l'égout public (fig. 164).

A Paris, dans les rues de plus de 20 mètres de large, on construit un égout sous chaque trottoir ; dans les rues de moins de 20 mètres, on ne fait qu'un égout au milieu de la rue, comme le montre la figure 164 où l'on voit le long des parois de l'égout les tuyaux d'eau et de gaz des distributions publiques ; les égouts ont la forme de voûtes représentées figures 165 à 171, qui sont les types de la Ville de Paris.

La maçonnerie d'égout se fait en *meulière* et mortier de chaux hydraulique ou de ciment. Dans ce dernier cas, les épaisseurs sont réduites aux deux tiers de celles adoptées quand on emploie le mortier de chaux hydraulique.

*Epaisseurs de la maçonnerie de meulière et ciment
des égouts de Paris.*

Aqueducs et égouts de moins de 2 mètres de large aux
   naissances et ayant jusqu'à 2,50 de hauteur sous clef : 0 m. 20
De 2 à 3 m. de large aux naissances et 2,50 à 4 m. de
   haut. sous clef. . . . . 0 m. 30
De 3 à 4 m. de large aux naissances et 4 à 4,50 de haut.
   sous clef. . . . . 0 m. 35
De 4,50 à 6 m. de large aux naissances et de 4,50 à
   5,50 de haut sous clef. . . . . 0 m. 40

Le dessus de l'extrados de la voûte de l'égout doit
être à 1 mètre au-dessous de la face intérieure des

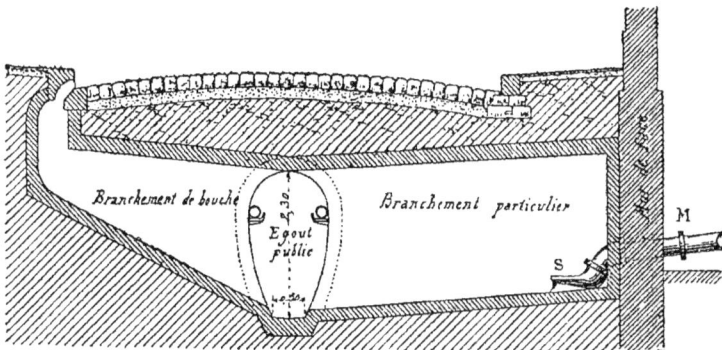

Fig. 164.

pavés ou du macadam de la chaussée ; sur de très
petites longueurs et dans des cas exceptionnels, ce
minimum peut descendre à 0 m. 40.

Les *bouches d'égouts* où aboutissent les ruisseaux et
caniveaux sont placées aux points bas des rues. Elles
se composent d'un *couronnement* en granit évidé con-
tinuant la bordure du trottoir et d'une *bavette* en
granit (fig. 164) posée à la hauteur des caniveaux, sur
la partie supérieure des murs d'une cheminée verticale de chute. Cette cheminée (dont la section a
1 mètre de long sur 0 m. 45 de large) aboutit à une

galerie en plein cintre ou *branchement de bouche* communiquant avec l'égout public qui a 1 m. 40 de haut sous clef, 0 m. 80 de large aux naissances, 0 m. 50

ÉGOUTS COLLECTEURS

Type n° 5.   Type n° 6 *bis*.   Type n° 3.

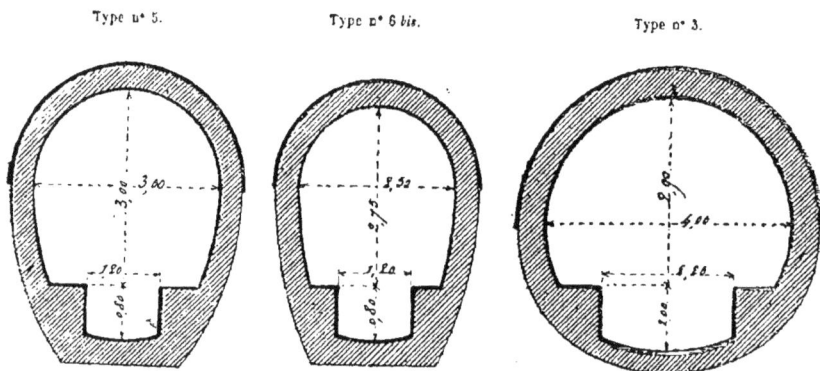

ÉGOUTS ORDINAIRES

type n° 10 *bis*.   Type n° 10.   Type n° 12₄   Type 13 *bis*.

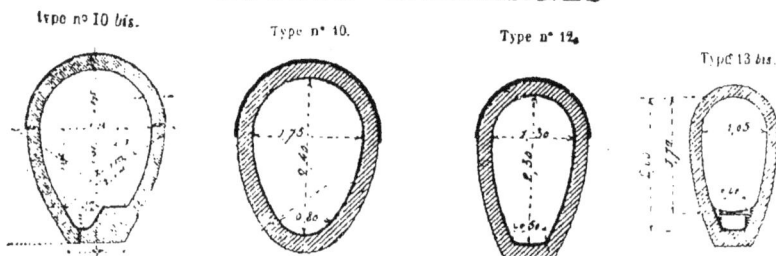

Fig. 165 à 171.

au radier. Les *regards* sont établis tous les 50 mètres (fig. 172).

Les branchements particuliers d'égout doivent être exécutés en maçonnerie de meulière et mortier de ciment, conformément aux dispositions observées pour la construction des égouts publics, et présenter les dimensions ci-après :

Hauteur sous clef............................... 1 m. 50
Largeur aux naissances........................ 0 m. 90
Largeur au radier............................. 0 m. 50
Epaisseur de la maçonnerie (non compris chape et
   enduits)................................... 0 m. 20

Chaque branchement doit être d'ailleurs fermé à l'aplomb de l'égout public par un mur de 0 m. 30

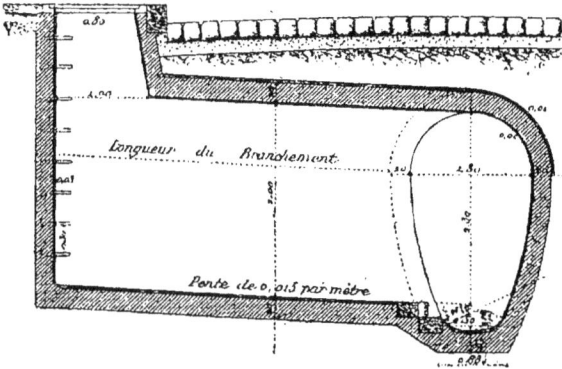

Fig. 172.

d'épaisseur au moins, en maçonnerie de meulière et ciment avec enduit de part et d'autre, qui présentera

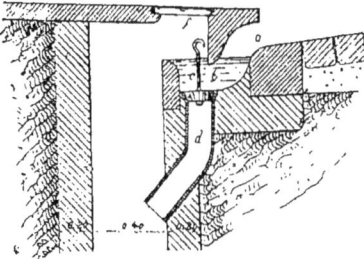

Fig. 173.

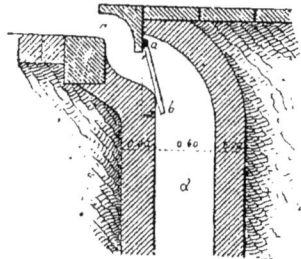

Fig. 174.

du côté de l'immeuble un parement vertical et du côté de l'égout épousera le profil du pied-droit jusqu'à la naissance de la voûte, pour se prolonger ensuite verticalement jusqu'à la rencontre de la voûte du branchement, dont la pénétration restera dès lors apparente à l'intérieur de l'égout. Une plaque en porcelaine portant le numéro de l'immeuble sera scellée dans l'enduit qui recouvrira le parement du mur à l'intérieur de l'égout. Une ventouse placée sur la façade de la maison, mettra l'air du branchement en communication avec celui de la rue. (Arrêté préfectoral du 16 juillet 1895.)

Pour empêcher les émanations de l'égout de remonter dans la rue, on a imaginé de nombreux dispositifs *siphoïdes* se plaçant à l'entrée de la bouche d'égout. Ces siphons ont l'inconvénient d'être un obstacle à l'écoulement des neiges et glaces et d'arrêter la ventilation de l'égout, c'est pourquoi ils ne sont pas généralement employés.

La figure 173 montre un système siphoïde adopté à Lisbonne ; la figure 174 montre une porte $a\,b$, mobile autour du point a et qui permet la chasse des neiges.

CHAPITRE XIV

FOSSES D'AISANCE. — FOSSES SEPTIQUES

Fosses fixes. — Les fosses fixes dans lesquelles on recueille à la fois les solides et les liquides consistent simplement en une cavité de dimensions variables (12 à 20 mètres cubes) creusée et maçonnée d'une façon *étanche* (1) dans le sol ; les déjections sont amenées par un tuyau de chute qui part des cabinets d'aisance. Ces fosses ne présentent pas toujours une étanchéité parfaite, même quand elles sont construites avec soin. Les trépidations du sol, les différences de pression et de dépression qui s'exercent sur les maçonneries par suite de la réplétion et de la vidange de la fosse, et mille autres causes, produisent à la longue des fissures à travers lesquelles les matières peuvent s'écouler à l'extérieur. Par ces fissures s'échappent également une quantité considérable de gaz méphitiques qui se produisent dans la fermentation de toutes ces matières infectes. Il serait superflu de

(1) Il est essentiel que les fosses fixes soient d'une étanchéité *parfaite*, surtout si l'on consomme l'eau des puits qui peuvent se trouver à proximité. Cette observation s'applique du reste aux *puisards* et aux *fosses à purin* ou à *fumier*.

s'étendre sur les dangers que peuvent présenter ces émanations; elles servent de véhicules aux germes de la plupart des maladies épidémiques.

Ces exhalaisons remontent dans les cabinets par les tuyaux de chute et, de là, se répandent dans les appartements. Pour éviter ces inconvénients, on munit généralement la fosse d'une cheminée d'aérage qui débouche au-dessus du toit. L'efficacité de ce procédé est loin d'être parfaite. Il arrive souvent que l'air extérieur descend par ce tuyau en refoulant ces émanations dans les cabinets, ou que les gaz qui s'échappent par la cheminée redescendent dans les étages supérieurs des maisons au lieu de s'élever dans l'atmosphère. On évite ces ennuis au moyen de latrines munies de *siphons* obturateurs hydrauliques ou de fermetures hermétiques.

Tout le monde connaît les inconvénients que présente le curage de ces fosses. Ce travail est non seulement désagréable pour les habitants, mais présente de réels dangers pour les ouvriers qui le font et qui sont sujet au *plomb* des fosses d'aisance ou asphyxie par les émanations sulfhydriques.

Les fosses d'aisance doivent être de préférence placées de manière que l'extrados de leur voûte se trouve au niveau du sol des caves.

En plaçant des fosses sous des cages d'escaliers ou auprès, on peut, en arrondissant ces cages, loger les tuyaux de descente et d'évent dans les angles et y placer les cabinets.

On donne au moins 2 mètres de côté aux fosses et l'on en fait qui ont 8 mètres. Une fosse doit être à au moins 1 m. 30 d'un puits environnant, mesure prise des parements intérieurs.

La figure 175 montre le plan et la coupe d'une fosse fixe.

Quand la fosse est établie contre un mur mitoyen, il doit être fait un mur d'isolement ou contre-mur de 0 m. 32 d'épaisseur,

Les fosses fixes sont fermées par une plaque ou

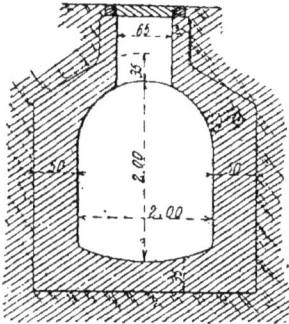
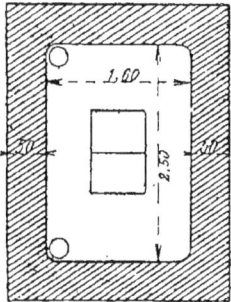

Fig. 175.

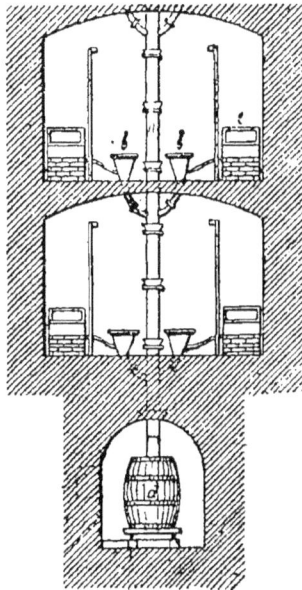

Fig. 176.

regard en fonte (fig. 30 et 31, volume IX) que l'on jointoie hermétiquement avec du ciment, après que la fosse a été *vidée*, *lavée* et *désinfectée* par un lavage au sulfate de fer en solution concentrée dans l'eau.

Fosses mobiles (voir ordonnances de Police du 24 septembre 1819 et 25 octobre 1850). — Les fosses mobiles sont des tonneaux dans lesquels débouche le tuyau des latrines. Ils ne sont pas fixés au sol et on peut les placer soit dans d'anciennes fosses fixes, soit dans des caves. Quand ils sont pleins on les enlève et on les remplace par d'autres qui sont vides (fig. 176).

Les tonneaux sont logés dans le sous-sol ; chacun d'eux a une capacité de deux hectolitres environ. On les place sur des roulettes pour en faciliter le maniement. Le tuyau de chute, dans lequel s'écoulent les matières des divers étages de la maison, est assemblé sur le tonneau par un joint de sable sans ciment. On peut en fermer l'extrémité inférieure au moyen d'un couvercle à ressort, lorsqu'on veut enlever un tonneau et le remplacer par un autre.

Ces réceptacles, devant être déplacés librement, laissent échapper des odeurs méphitiques qui se répandent sous les sièges et de là dans les appartements.

Pour remédier à ces inconvénients, on a essayé de placer dans les tonneaux des substances absorbantes, qui préviennent les dégagements odorants. On a aussi proposé l'emploi de divers réactifs. Tous ces procédés n'ont pas donné des résultats pratiques satisfaisants. (Voir ordonnance de Police du 5 juin 1834.)

Système diviseur. — Dans le système diviseur, les liquides sont séparés d'avec les solides. Les premiers s'écoulent directement dans l'égout, les autres sont retenus dans des réceptacles fixes ou mobiles.

Les fosses fixes à diviseur ont été assez employées à un certain moment. Elles consistent en un réservoir dans lequel arrivent toutes les déjections, ainsi que les eaux ménagères et même pluviales ; l'une des parois porte de petites ouvertures retenant les solides et laissant passer les liquides qui s'en vont à l'égout (fig. 177).

Dans les fosses mobiles à diviseur, la séparation s'opère au moyen d'appareils appelés *tinettes filtrantes*. Ce sont des tonneaux en tôle portant un filtre métallique à la partie inférieure. Ils communiquent avec les latrines par le tuyau de chute ; une conduite les réunit à l'égout.

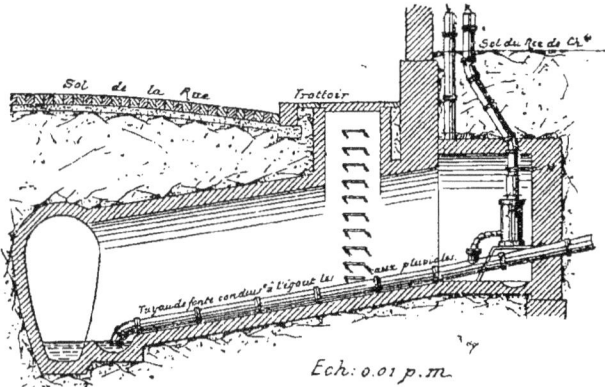

Fig. 177.

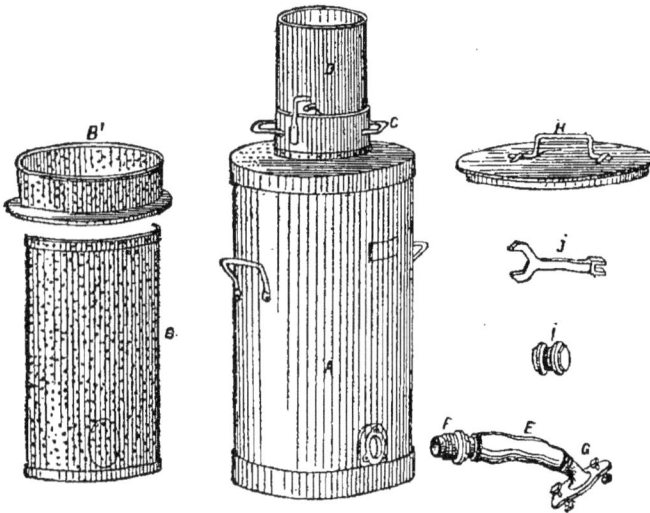

Fig. 178 et 179.

Lorsque la tinette est remplie de matières solides, on l'enlève, comme dans le cas de fosses mobiles, et on la remplace par une autre.

Les figures 178 et 179 montrent les détails de construction des *tinettes filtrantes*.

Un cylindre A en tôle étamée contenant un second cylindre-filtre B, également en tôle, percé sur toutes ses faces de trous destinés à laisser échapper le liquide, fermé par un couvercle ou couronne également filtrante B' et reposant sur une armature en fer scellée dans le mur et le radier; au-dessous, une cuvette comme dans le système désigné précédemment. En C la coulisse; en D le manchon; en E un tuyau de caoutchouc terminé à l'un des bouts par le raccord F qui se fixe sur le cylindre A, et de l'autre par un raccord G qui se fixe sur le tuyau d'évacuation à l'égout. H est le couvercle de transport; *i*, le bouchon fermant le cylindre; *j*, la clé pour serrer ces deux raccords; K, le tuyau de chute; L, le tuyau de ventilation; M, le collier.

(Voir Règlement du Préfet de la Seine du 17 juillet 1907.)

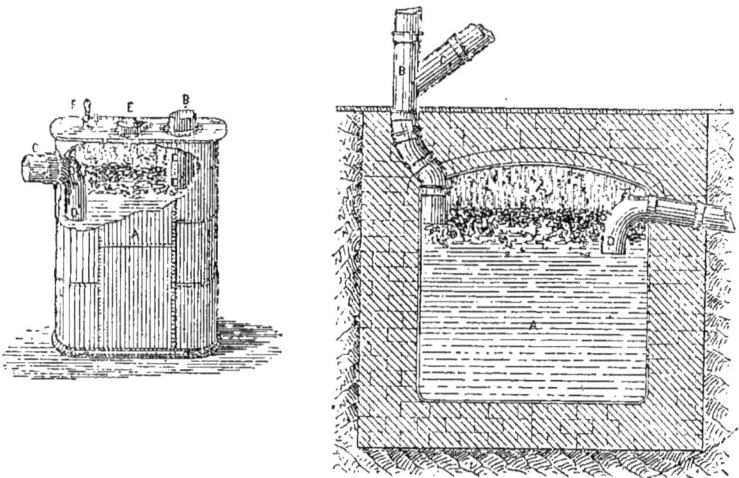

Fig. 180 et 181.
Vidangeuses automatiques de Mouras, en tôle galvanisée
et en maçonnerie.

Fosses septiques. — Il y a une trentaine d'années Mouras inventa une fosse *entièrement close* dans laquelle les matières fécales étaient amenées en même temps que toutes les eaux résiduaires et les eaux pluviales de l'immeuble ; Mouras expliquait que les tuyaux de chute et le tuyau d'évacuation devaient plonger dans le liquide ; il n'envisageait dans son appareil que la *dilution* des matières dans une grande quantité d'eau qui les entraînait ainsi au dehors en parcelles infimes.

La *vidangeuse automatique* de Mouras (fig. 180 et 181) était en réalité une *fosse septique*, à peu près telle qu'on la construit encore maintenant, mais son inventeur n'avait pas compris *l'action microbienne* qui provoque, dans la fosse septique, non seulement la dilution des matières, mais leur *complète liquéfaction*.

Voici la théorie de la réduction septique des vidanges qui se fait en deux phases (d'après une fosse septique de M. Larmanjat-Grajon, fig. 182 à 184).

Première phase anaérobique où se produisent la fermentation et la solubilisation de la cellulose, la peptonisation et la transformation des albuminoïdes. — A leur arrivée par un tube E dans un vase clos A rempli d'eau, les matières remontent à la surface du liquide et se répartissent suivant leur densité. Les *microbes anaérobies qui ne vivent qu'à l'abri de l'air* et existent en quantité considérable dans les eaux d'égout — plusieurs centaines de millions dans un centimètre cube — empruntent l'oxygène nécessaire à leur existence à ces matières organiques : papier, débris de bois, excréments, graisses, légumes et les réduisent en gaz ou liquides, tels que l'acide carbonique, l'azote, l'eau et l'ammoniaque. Cette action n'est que de courte durée. On ne peut donc laisser séjourner trop longtemps les mêmes bactéries dans leurs sécrétions où elles perdraient leur activité. L'expérience a démontré

qu'un séjour de 24 heures était nécessaire et suffisant
et qu'à ce moment le liquide devait être envoyé au

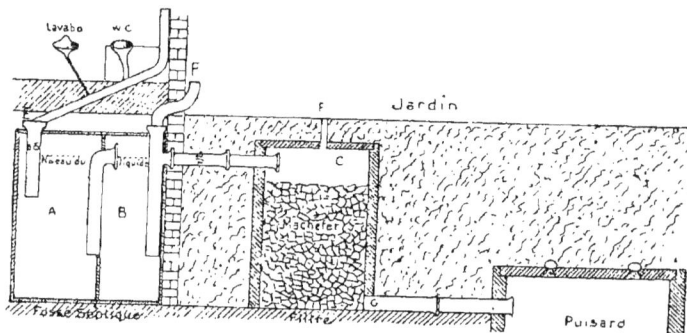

FOSSE AVEC FILTRE

(tuyau de chute en 0ᵐ15 int)
(» sortie 0 12 »)

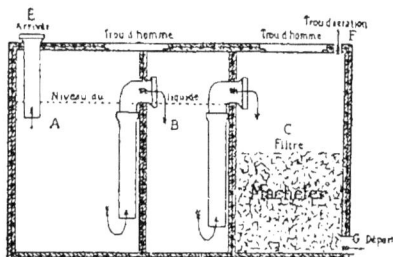

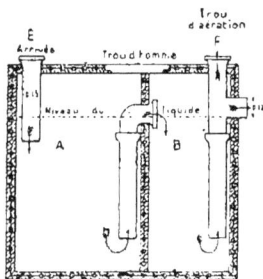

Nᵒ	Long. intér.	Larg. intér.	Prof. intér.	Poids en kil.	PRIX
1	1ᵐ20	0ᵐ70	1ᵐ »	600	250 »
2	1 45	0 70	1 »	650	300 »

Fosse nᵒ 1 : pour 6 personnes.
Fosse nᵒ 2 : pour 8 personnes.

FOSSE SANS FILTRE

(tuyau de chute en 0ᵐ15 int')
(» sortie 0 12 »)

Nᵒ	Long intér.	Larg. intér.	Profond. intér.	Poids en kil	PRIX
3	0ᵐ90	0ᵐ70	1ᵐ »	450	170 »
4	1 15	0 70	1 »	500	210 »

Fosse nᵒ 3 : pour 6 personnes.
Fosse nᵒ 4 : pour 8 personnes.

Fig. 182, 183 et 184.

dehors pour faire place à un nouvel afflux de liquide
non épuré. C'est dans cette phase de réduction que,
par suite de la concurrence vitale, les germes dange-

reux : typhiques, cholériques, buboniques, tubercu-
leux, sont tués ou cèdent le terrain aux espèces inoffensives qui poursuivent leur œuvre de destruction
sur la matière organique dans le vase clos B faisant
suite au premier.

*Deuxième phase aérobique par l'oxydation et la
nitrification.*— Le liquide provenant des vases clos A
et B contient encore des matières en solution ou en
suspension ; pour en faciliter l'oxydation, ce liquide
tombe d'une façon intermittente dans un bassin filtrant C, rempli de mâchefer qui sert de support aux
matières dissoutes. Ce bassin filtrant est en communication directe avec l'air extérieur par une ouverture F
et permet aux microbes aérobies (ceux-là ne vivent
qu'à l'air) de faire passer l'azote ammoniacal en ni-
trites, puis les ferments nitriques en salpêtre, dernier
terme de la minéralisation. L'épuration des eaux
bactériennes est alors terminée et le liquide devenu
inoffensif, après avoir abandonné ses impuretés dans
la fosse septique et le bassin filtrant, est dirigé, par le
conduit G, vers un puisard quelconque.

Le tuyau E plonge dans le liquide pour empêcher
la montée des mauvaises odeurs. La cloison qui sépare
les deux compartiments A et B arrête la communication
directe entre l'arrivée et la sortie. Le tuyau placé sur
le côté prend le plus bas possible dans le compartiment A les eaux épurées et les ramène en B où le
travail des anaérobies se continue jusqu'au déverse-
ment en C, où se trouve le filtre en mâchefer.

La quantité d'eaux-vannes à traiter par jour est de
75 litres pour une fosse de 600 litres et 100 litres pour
une fosse de 800 litres. L'arrivée subite d'une plus
grande quantité d'eau chasserait au puisard des
matières non décomposées ; il faut donc éviter l'ad-

duction des eaux pluviales dans la fosse septique ; c'est dans le filtre bactérien qu'il faut les diriger par le conduit F venant des gouttières.

Fig. 185.

En résumé la fosse septique a les avantages suivants :

C'est le moins cher de tous les appareils de vidange construits jusqu'à ce jour.

Il supprime complètement la vidange mécanique ou à bras, et tous ses inconvénients : dérangements, odeurs, prix élevé, etc.

Il ne sort de la fosse septique *que de l'eau* inoffensive et excellente pour la fertilisation des terres.

M. Lépaulard construit des fosses septiques en tôle galvanisée, coûtant de 135 à 200 francs selon dimensions ; il les nomme tinettes automatiques (fig. 185).

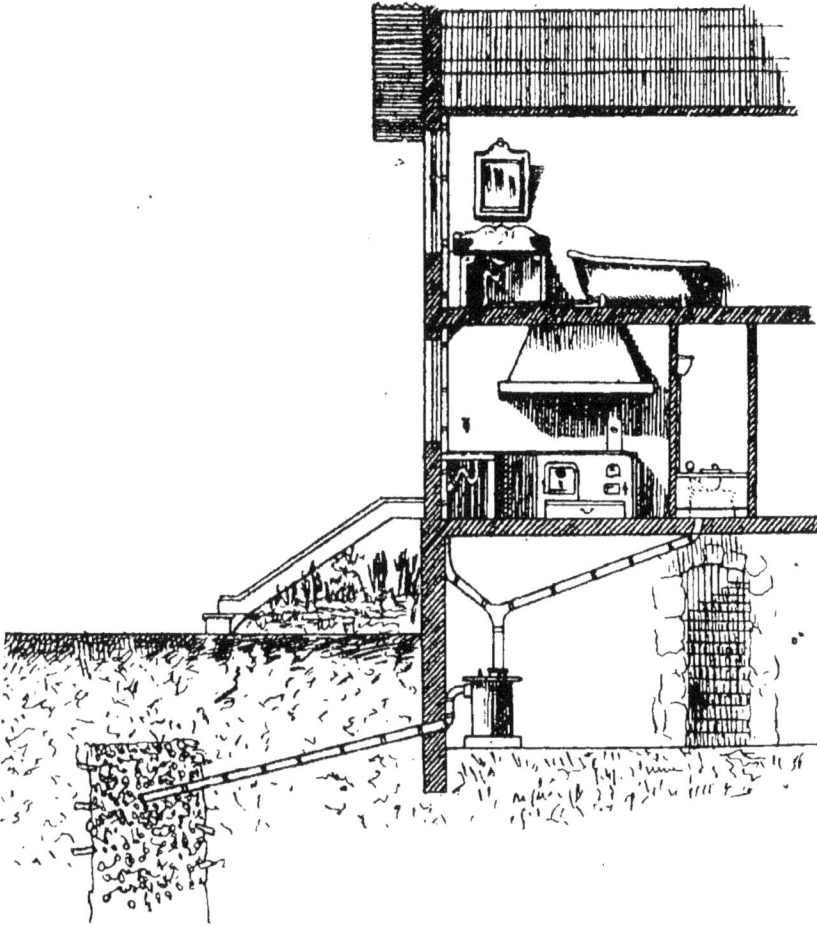

Fig. 186.

La mise en place de cet appareil est excessivement simple et ne nécessite pas d'ouvrier spécialiste.

Il n'est pas besoin d'emplacement préparé spécialement pour recevoir la fosse septique ; elle peut être placée dans la plupart des cas directement sous le tuyau de chute des cabinets d'aisances sur lequel

8

on doit brancher l'écoulement des eaux de toilette et ménagères.

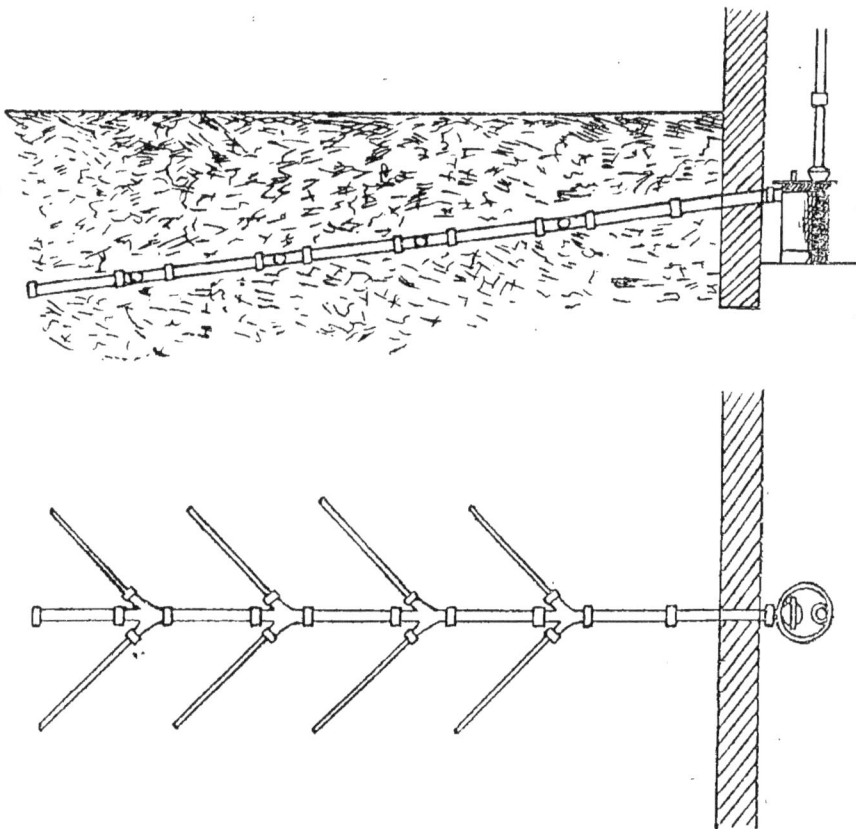

Fig. 187. — Epandage des eaux résiduaires des fosses septiques Lépaulard.

Un joint patin en ciment autour de ce tuyau et dans l'intérieur du cône de raccordement donne l'étanchéité nécessaire (fig. 186).

Avant d'être mise en service, la tinette doit être remplie d'eau jusqu'au niveau de la partie inférieure de la tubulure de sortie.

Les eaux résiduaires sont amenées dans un puisard en maçonnerie non étanche et rempli de mâchefer, briques et poteries hors d'usage, vieilles meulières, etc., en somme tous matériaux peu coûteux et qui, par leur porosité et leurs aspérités, présentent la plus grande surface oxydante et filtrante possible. De là,

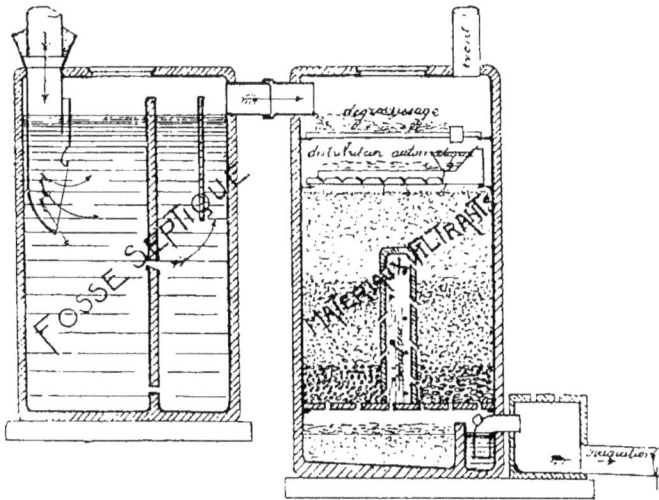

Fig. 188.

ou même dès la sortie de la fosse, ces eaux peuvent être déversées sur une grande surface de terrain par une succession de branchements partant d'une canalisation principale (fig. 187).

Ce dernier procédé est employé avec succès dans les terrains de culture situés à proximité des habitations, où les eaux résiduaires riches en nitre forment un excellent engrais.

Dans la fosse septique dite *Septic Tank* (fig. 188), les matières et eaux vannes arrivent dans le premier compartiment, où, dans une sorte de levain, à la surface du liquide, vivent, en quantité innombrable, les bactéries qui, au fur et à mesure, désagrègent et solubilisent les matières organiques.

Le tuyau d'arrivée plonge dans le liquide, afin

de ne pas gêner l'action des microbes par l'introduc-

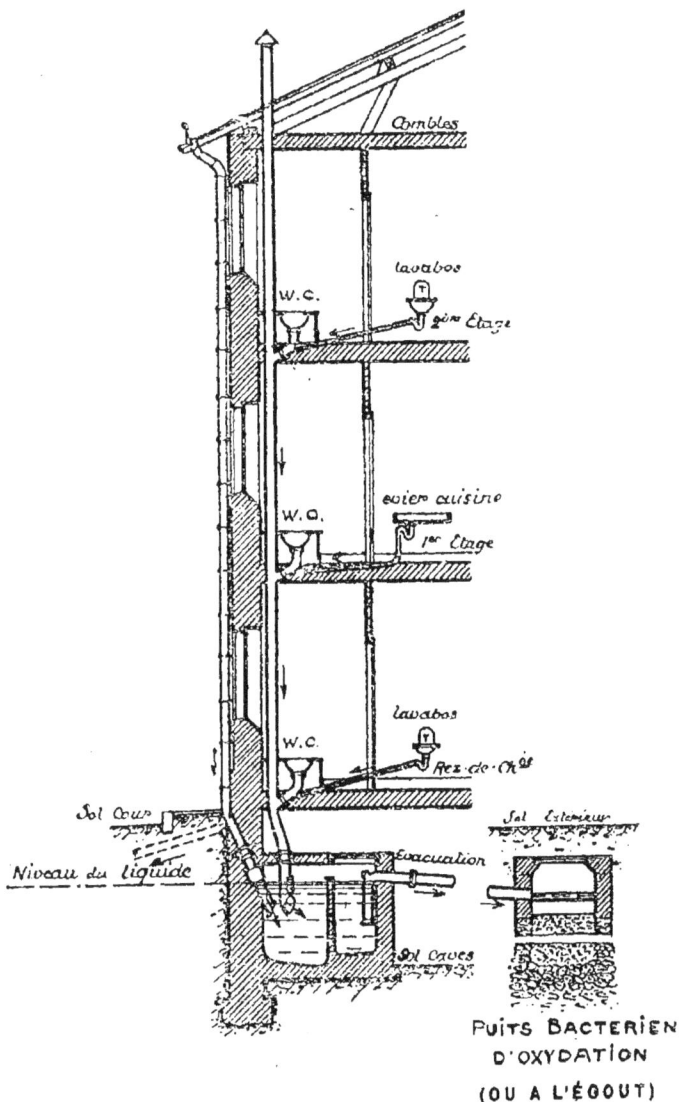

Fig. 189. — Installation d'une fosse septique du système *Septic Tank* dans une maison à plusieurs étages.

tion de l'air et par le remous, et aussi pour empêcher les odeurs de remonter.

La décomposition des matières s'effectue, pour

la plus grande partie, sous la surface du liquide ; au fond, ne se déposent que les matières minérales et métalliques qui auraient pénétré par négligence ou par mégarde ; à cet effet, le premier compartiment sera un peu plus profond que le second.

Ces matières représentent une infime quantité : l'expérience a permis de constater qu'avec un service normal, elles devraient s'accumuler pendant trente ou quarante ans avant d'empêcher le bon fonctionnement de la fosse. A cette époque, on devra, par le regard à tampon hermétique, ménagé à la partie supérieure, vider le compartiment d'arrivée.

Un premier dégrossissage est fait dans ce compartiment ; les eaux passent alors dans le second, où d'autres bactéries préférant un liquide plus dilué, continuent l'épuration.

La cloison séparative atténue les remous, divise le travail et empêche le passage des matières solides dans le compartiment de sortie où les liquides ne peuvent pénétrer que par les ouvertures étroites d'une sorte de herse.

Le tuyau de sortie peut rejeter les eaux, soit à l'égout, soit, à défaut, dans un puits filtrant garni de matières oxydantes, mâchefer, gravier, etc., soit encore dans un puisard ou en épandage sur des terrains de culture.

Envoyer autant que possible dans la fosse les eaux pluviales ménagères et toutes eaux vannes.

Pour la mise en service, avoir soin de remplir d'eau jusqu'au niveau du tuyau d'évacuation.

	Tôle galvanisée		Ciment armé	
La *Septic-Tank* coûte : pour 6 personnes	190	»	250	»
— — — 15 —	285	»	330	»
— — — 25 —			390	»

Ordonnance de Police du 1er *juin* 1910 : article 5.

« ... Les effluents des fosses septiques pourront être déversés dans des fossés, rigoles, égouts ou cours d'eau à la condition d'être épurés sur des terrains d'épandage ou sur des lits bactériens d'oxydation, ou d'être traités par tout autre procédé qui en assure la désinfection, la désodorisation et l'épuration, de manière qu'ils satisfassent aux conditions imposées par les instructions du Conseil supérieur d'hygiène. »

L'instruction du 2 juillet 1909 exige qu'après épuration biologique dans la fosse septique :

1º L'eau ne contienne pas plus de 30 *milligrammes* de matières en suspension par litre.

2º Lorsque, après filtration sur papier, la quantité d'oxygène que l'eau épurée emprunte au permanganate de potassium en trois minutes, reste sensiblement constante avant et après sept jours d'incubation à la température de 30 degrés, en flacon bouché à l'émeri ;

3º Lorsque, avant et après sept jours d'incubation à 30 degrés, l'eau épurée ne dégage aucune odeur putride ou ammoniacale ;

4º Enfin, lorsque l'eau épurée ne renferme aucune substance chimique susceptible d'intoxiquer les poissons et de nuire aux animaux qui s'abreuveraient dans le cours d'eau où elle est déversée.

CHAPITRE XV

FOSSES A FUMIER ET A PURIN

L'habitude, généralement prise dans les fermes, de mettre le fumier en tas au milieu de la cour de la ferme, est des plus mauvaises à tous les points de vue.

D'abord le fumier est desséché par le soleil ou dělayé par les pluies, ce qui lui fait perdre, dans l'un ou l'autre cas, la majeure partie de ses qualités fertilisantes.

D'autre part, le *purin*, issu du fumier, s'infiltre dans la terre et va contaminer les eaux des sources et des puits qui alimentent les habitants.

Le fumier doit *nécessairement* être déposé dans une fosse maçonnée, cimentée, *parfaitement étanche*, de même que s'il s'agissait d'une fosse d'aisances.

Le sol de fond de la fosse à fumier est *légèrement en pente*, de façon que le purin et les urines ou eaux de lavage des étables se réunissent dans un *puisard* étanche (fig. 190) d'où ils sont repris par une *pompe à purin* et servent à *arroser* méthodiquement et périodiquement le fumier.

La fosse à fumier doit être recouverte d'une *toiture*

en tuiles ou en chaume, de façon que le fumier soit
abrité du soleil et de la pluie.

Le fumier, étant ainsi préservé de la dessiccation

Fig. 190.

et du mouillage exagéré, fermente bien sous l'in-
fluence des arrosages de purin, conserve et augmente
ses propriétés fertilisantes, répand moins d'odeurs et
ne risque pas d'empoisonner les eaux de boisson. Les
frais d'établissement de la fosse sont vite regagnés par
l'excellence des fumures.

CHAPITRE XVI

TOUT A L'ÉGOUT

Système du tout à l'égout. — Dans ce système, préconisé par l'ingénieur Durand-Claye, et adopté par la Ville de Paris et par nombre de municipalités, toutes les eaux pluviales, les eaux ménagères et les matières fécales des maisons sont conduites pêle-mêle directement dans l'égout, où elles sont diluées dans une immense quantité d'eau et conduites hors des villes.

Pour épurer ces eaux chargées de matières très fertilisantes, on les dirige vers d'immenses terrains de culture où elles déposent un limon bienfaisant, qui fait prospérer avec activité les plantes potagères et les prairies artificielles.

L'important résultat pratique de ce système, c'est de supprimer tout liquide stagnant, tout dépôt d'ordures au sein même des habitations ; d'autre part, les terrains ainsi irrigués acquièrent rapidement une grande plus-value. Les eaux issues de ces terrains sont parfaitement purifiées et peuvent être déversées dans les rivières sans aucun risque d'en corrompre les eaux.

La figure 191 montre le branchement particulier

d'égout et l'arrivée M du tuyau de chute qui se p
longe jusqu'au fond de l'égout. Un siphon S empê
le reflux des odeurs et des gaz.

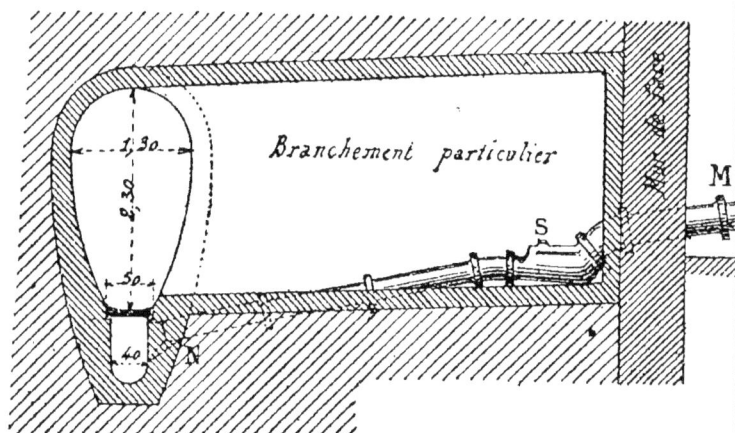

Branchement particulier

Fig. 191.

Loi relative à l'assainissement de Paris et de la Seine (10 j
let 1894.)

Art. 2. — Les propriétaires des immeubles situés dans les r
pourvues d'un égout public seront tenus d'écouler souterrai
ment et directement à l'égout les matières solides et liqu
des cabinets d'aisances de ces immeubles.

Il est accordé un délai de trois ans pour les transformati
à effectuer à cet effet dans les maisons anciennes.

Art. 3. — La Ville de Paris est autorisée à percevoir
propriétaires de constructions riveraines des voies pourv
d'égouts, pour l'évacuation directe des cabinets, une t
annuelle de vidange qui sera assise sur le revenu net imp
des immeubles, conformément au tarif ci-après.

10 francs pour un immeuble d'un revenu imposé à la c
tribution foncière ou à celle des portes et fenêtres inféri
à 500 francs.

30 francs pour un immeuble d'un revenu imposé de 500 fra
à 1.499 francs ;

60 francs pour un immeuble d'un revenu imposé de 1.
francs à 2.999 francs.

80 francs pour un immeuble d'un revenu imposé de 3.(
francs à 5.999 francs.

100 francs pour un immeuble d'un revenu imposé de 6.(
francs à 9.999 francs ;

150 francs pour un immeuble d'un revenu imposé de 10.000 francs à 19.999 francs ;

200 francs pour un immeuble d'un revenu imposé de 20.000 francs à 29.999 francs ;

350 francs pour un immeuble d'un revenu imposé de 30.000 francs à 39.999 ;

500 francs pour un immeuble d'un revenu imposé de 40.000 francs à 49.999 francs ;

750 francs pour un immeuble d'un revenu imposé de 50.000 francs à 69.999 ;

1000 francs pour un immeuble d'un revenu imposé de 70.000 francs à 99.999 francs;

1500 francs pour un immeuble d'un revenu imposé de 100.000 francs et au-dessus.

En ce qui concerne les immeubles exonérés à un titre et pour une cause quelconque de la contribution foncière sur la propriété bâtie, la Ville pourra percevoir une taxe fixe de 50 francs par chute.

Conseils aux propriétaires pour l'application de l'écoulement direct à l'égout des matières solides et liquides des cabinets d'aisance.

Chasses d'eau. — Le système d'évacuation rendu obligatoire à Paris par la loi du 10 juillet 1894 est connu dans d'autres pays sous le nom de système par circulation.

Il a, en effet, pour base, l'entraînement rapide des matières nuisibles, depuis le point origine jusqu'au débouché final, par le moyen de chasse d'eau.

Pour assurer d'une manière parfaite le fonctionnement du système, il faut produire la chasse à l'endroit et au moment voulus pour que l'entraînement ait lieu immédiatement, sans possibilité d'arrêt ou de dépôt.

C'est pourquoi une chasse doit être déterminée brusquement, à chaque visite, dans la cuvette même des cabinets d'aisances, et le volume d'eau déversé doit être suffisant pour laver complètement la cuvette, renouveler l'eau contenue dans le siphon obturateur, dont l'utilité sera indiquée plus loin, et véhiculer les matières dans la canalisation, jusqu'à l'égout.

Cette chasse est utilement fournie par un petit réservoir spécial, alimenté automatiquement au moyen d'un branchement muni d'un robinet flotteur, placé à 2 mètres environ au-dessus de la cuvette et qui se vide soit à volonté par une commande à la portée de la main, soit par un mode automatique, à des intervalles convenablement réglés. Elle peut aussi être produite par tout autre appareil dont l'effet soit analogue.

Pour obtenir le maximum d'effet utile, il convient de donner aux conduits d'évacuation, siphons, tuyaux de chute, canalisations à la suite, des diamètres relativement faibles ; pour les chutes, par exemple, 0 m. 08 à 0 m. 13 au lieu de ceux de 0 m. 19 et de 0 m. 22 précédemment en usage et indispensables avec les appareils à valve.

En effet, dans un tuyau trop large, l'eau se divise, coule sans force et n'empêche point la formation de dépôts sur les parois, tandis qu'à volume égal, dans un conduit étroit, elle forme piston, entraîne avec force et vitesse les matières qu'elle enveloppe, s'oppose à tout dépôt, délave énergiquement les parois et provoque un utile renouvellement de l'air.

Les canalisations qui relient le pied des tuyaux de chute à l'égout doivent être établies avec le maximum de pente disponible et 0 m. 03 par mètre au moins. Dans les cas exceptionnels où cette pente minimum ne pourrait être obtenue, il y est suppléé par l'établissement de réservoirs de chasse supplémentaires ou d'autres moyens de propulsion en des points convenablement choisis.

Ces canalisations doivent être parfaitement étanches, capables de résister aux pressions intérieures, disposées de manière à y éviter tout dépôt et de plus aisément visitables. C'est pourquoi on recommande de les tracer de manière qu'elles soient toujours formées de parties droites ; les raccordements courbes, s'ils sont indispensables, doivent être établis sous les plus grands rayons possibles. De plus, à chaque changement de direction ou de pente, à chaque rencontre ou intersection des canalisations, il doit être ménagé, autant que possible, un regard facilement accessible dont le tampon mobile constitue une fermeture rigoureusement hermétique.

Protection de l'atmosphère des locaux habités. — L'hygiène réclame la protection de l'atmosphère des locaux habités contre toute pénétration de gaz odorants ou insalubres, d'air vicié, provenant non seulement des égouts, mais encore des tuyaux de chute et conduits d'évacuation dont les émanations sont presque toujours plus redoutables et plus pénétrantes encore que celles des égouts.

Aussi n'est-ce point un obturateur unique placé à la jonction de la canalisation intérieure avec l'égout qui permet de réaliser cette protection d'une manière absolue, mais une série d'obturateurs disposés à l'origine supérieure des divers branchements reliés à cette canalisation, à chacun des orifices ouverts dans les logements pour recevoir les eaux souillées (cuvettes de cabinets d'aisances, éviers, lavabos, postes d'eau, bains, etc.) et formant fermeture hermétique.

Le seul appareil de ce genre actuellement connu qui soit réellement efficace est le *siphon à occlusion hydraulique permanente.*

Cet appareil, simple et peu coûteux, est d'un fonctionnement absolument sûr, quand il est convenablement disposé, pour qu'il s'y maintienne en tout temps une garde d'eau suffisante.

Des précautions spéciales doivent être prises lors de la construction des maisons et une vigilance particulière doit être exercée, par la suite, pour protéger les siphons et tous les appareils hydrauliques contre les conséquences de la gelée : installation systématique des colonnes montantes dans des locaux bien clos, loin des murs extérieurs froids, protection au besoin des conduits et appareils par des enveloppes isolantes ; en temps froids, fermeture des baies d'aérage, maintien de l'alimentation d'eau par le moyen d'un petit écoulement continu ou d'une faible source de chaleur telle qu'un bec de gaz en veilleuse, addition d'un peu de sel marin dans l'eau des siphons qui ne sont pas en usage (appartements vacants), etc.

Outre l'emploi général des siphons, il est à recommander de veiller à l'étanchéité parfaite des canalisations.

On doit au reste s'efforcer d'y empêcher autant que possible la production des gaz odorants ou insalubres ; et, à cet effet, il n'est pas de moyen plus certain que l'aération naturelle. C'est pourquoi les tuyaux de chute et d'évacuation des eaux usées auxquels aboutissent tous les branchements siphonés, et les conduits à la suite, doivent être disposés de manière qu'un courant d'air s'y puisse établir constamment : en communication directe avec l'égout aéré lui-même par les bouches de la rue, ils doivent déboucher librement à la partie supérieure dans l'atmosphère et pour cela, on recommande de les prolonger jusqu'au-dessus du faîtage et ne pas les employer pour l'écoulement des eaux pluviales.

Transformations à effectuer dans les maisons anciennes. — Il convient que les transformations à effectuer dans les maisons existantes, pour y adapter le nouveau mode d'évacuation, soient dirigées dans le sens des indications qui précèdent.

Mais, afin d'en réduire la dépense au strict minimum, il est admis qu'on peut en général conserver tant qu'ils sont en bon état : 1° les tuyaux de chute et les divers conduits de l'ancienne canalisation, pourvu qu'ils soient étanches ; 2° les appareils à valves des cabinets d'aisances lorsqu'ils sont munis d'effets d'eau.

Il suffit alors d'établir une chasse automatique convenablement alimentée au pied de chaque chute, de prolonger le tronc commun de la canalisation générale jusqu'à l'égout public, d'établir sur le parcours et près du débouché de l'égout un siphon obturateur et d'assurer l'aération générale tant par l'établissement de prises d'air en amont du siphon que par la prolongation des tuyaux de chute et d'évacuation des eaux usées jusqu'au-dessus du toit.

Mais il ne faut pas se dissimuler que l'installation ainsi modifiée est loin d'être parfaite ; les conduits trop larges, insuffisamment lavés, continuent à se couvrir intérieurement de dépôts en fermentation ; les appareils à valve ne constituent qu'une occlusion médiocre, laissent passer l'air vicié et s'établir entre les locaux voisins des communications qui ne sont pas sans danger en cas de maladie transmissible ; de plus, ils se prêtent trop facilement à la projection des corps solides étrangers qui vont s'accumuler au pied des chutes et y provoquent des obstructions dont les chasses n'ont pas toujours raison.

Aussi conviendrait-il de saisir ultérieurement toutes les occasions qui viendraient à se présenter pour améliorer peu à peu l'installation en substituant au fur et à mesure des remplacements, aux conduits et appareils anciens, des appareils et conduits conformes aux types nouveaux.

Il est, en outre, à recommander de munir immédiatement de siphons tous les orifices d'évacuation des eaux ménagères ainsi que les cuvettes de cabinets d'aisances particuliers ou communs quand ceux-ci sont insuffisamment aérés.

La figure 192 montre l'installation du tout à l'égout dans un immeuble ; on voit :

A. — Egout.

R. — Regard.

S. — Siphon avec regard.

C. — Tuyau de chute des eaux pluviales et ménagères.

D. — Tuyau de chute des cabinets d'aisances.

ZZZ. — Réservoirs de chasse.

E. — Chute d'eaux pluviales et de la cour.

G. — Réservoir de chasse intermittent.

L, W. — Water-closets.

B. — Bains.

T. — Toilette.

V, V. — Cheminée de ventilation montant au-dessus des cheminées.

On remarquera que chaque chute est munie d'un siphon.

Les siphons, avec ou sans regard, sont représentés figures 73, 75, 76, 77 et 78. Dans la cour, on place en P un siphon à regard avec panier (fig. 116 ou fig. 79).

La figure 193 montre le détail du réservoir de chasse intermittent G qui est destiné à envoyer de temps à autre une très forte *chasse d'eau* dans le tuyau FS pour le nettoyer complètement. Voici comment fonctionne ce réservoir G :

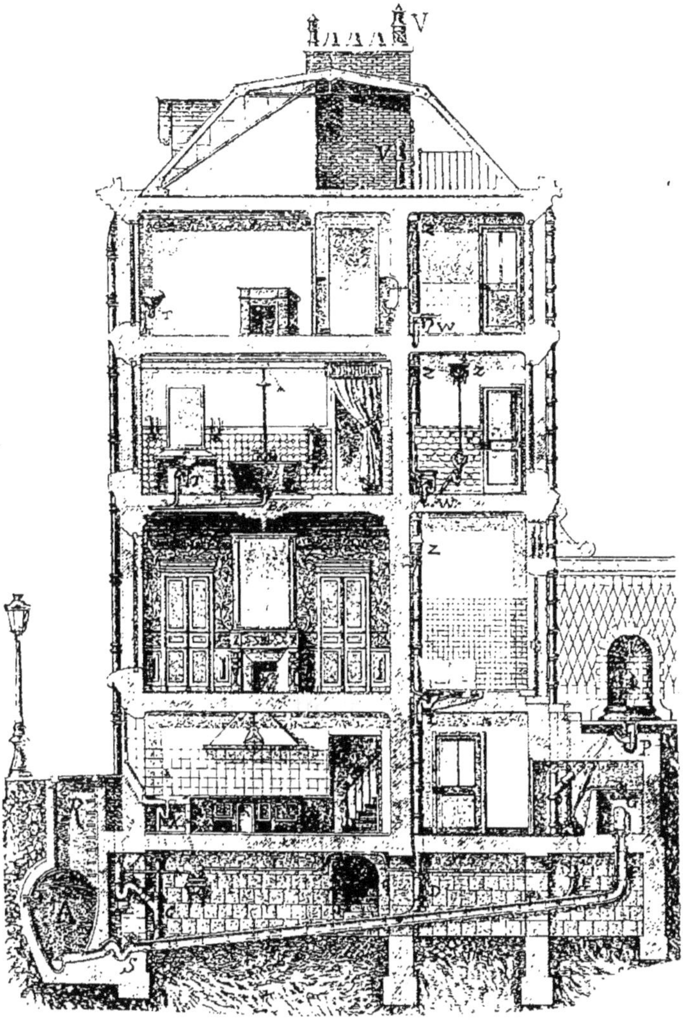

Fig. 192.

Les liquides sont recueillis dans le réservoir A (fig. 193) et s'élèvent graduellement sous la cloche C, au fur et à mesure qu'ils s'élèvent dans le réservoir.

Par suite, l'air de la cloche et du tuyau B se trouve comprimé. L'orifice inférieur du tuyau B est formé par une valve mobile. Lorsque les liquides atteignent l'embouchure libre de ce tuyau, la compression de

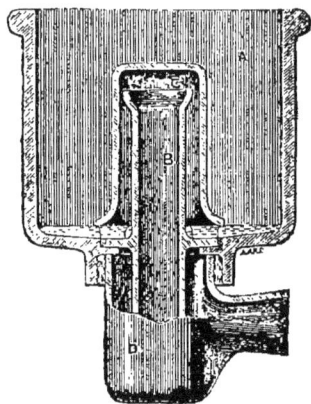 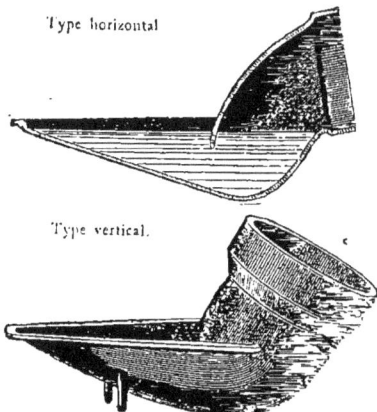

Type horizontal

Type vertical.

Fig. 193.   Fig. 194 et 195.

l'air est suffisante pour faire basculer la valve, le siphon formé par la cloche s'amorce et tout le liquide contenu dans le réservoir s'échappe brusquement.

Cet appareil est construit sur plusieurs types de dimensions variées ; il peut être réglé pour fonctionner à intervalles réguliers, toutes les quinze minutes, par exemple, toutes les heures ou toutes les quatre ou cinq heures. Les prix, à Paris, se comptent depuis 75 jusqu'à 325 francs, selon le volume de liquide à débiter.

Siphons déverseurs. — Quand l'extrémité de la chute ne peut pas plonger dans l'eau de l'égout, on termine le tuyau de chute par un *siphon déverseur* représenté par les figures 194 et 195 ; on voit ce siphon en S sur la figure 164.

Le même siphon s'emploie pour évacuer les eaux dans les *puisards*.

CHAPITRE XVII

URINOIRS

Les urinoirs ne s'installent pas généralement dans les appartements privés où le water-closet, avec siège à *abattant mobile* dont nous ferons la description au chapitre XVIII, sert aussi d'urinoir.

Cependant, on pose quelquefois dans les cabinets d'aisances, cabinets de toilette ou salles de bains, un urinoir constitué par un appareil tel que ceux représentés figures 196 et 197, avec, au-dessous, un siphon (fig. 198) et au-dessus une arrivée d'eau avec un petit *appareil de chasse d'eau* de 2 litres ou bien un écoulement continu d'eau pour entraîner les urines.

Souvent on emploie comme urinoir un *vidoir* (fig. 130 et 131) avec robinet de puisage qui sert en même temps de lavabo.

Les appareils 196 et 197 sont en grès vernissé, en faïence ou porcelaine ; ils s'emploient aussi pour urinoirs publics, en les séparant par des stalles ou *écrans* en ardoise ou en grès vernissé. Le collecteur de liquides est muni d'un siphon ; une *chasse d'eau auto-*

9

matique ou bien un débit d'eau continu nettoient les appareils.

Les *pots-applique* en faïence ou grès (fig. 196 et 197) coûtent de 20 à 28 francs pièce.

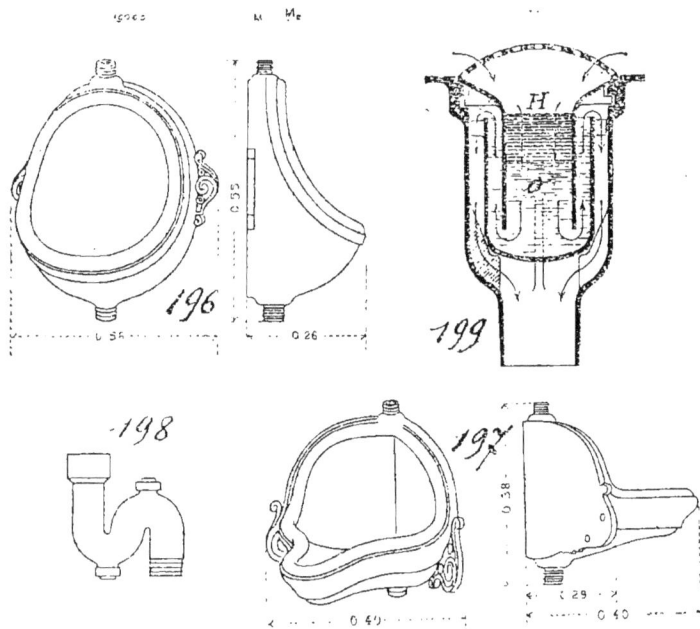

Fig. 196 à 199.

La figure 200 montre un urinoir public formé de *stalles* en plaques d'ardoises ; l'arrosage se fait par une gouttière amenant l'eau horizontalement à la partie supérieure des stalles. Ces urinoirs se font aussi avec des plaques de *verre opaque*, de *grès*, ou de *pierre dure*. Pour éviter la dépense d'eau, on se borne à badigeonner fréquemment l'intérieur des stalles avec de l'*huile lourde de houille* ou *huile de goudron*. L'urine glisse sur cette couche d'huile, sans la mouiller et l'huile répand une odeur qui éloigne les mouches. Ce procédé est très recommandable.

La figure 201 montre un urinoir en grès céramique

de Boulogne-sur-Mer, soutenu par des consoles en
fonte scellées au mur ; un écoulement d'eau entraîne

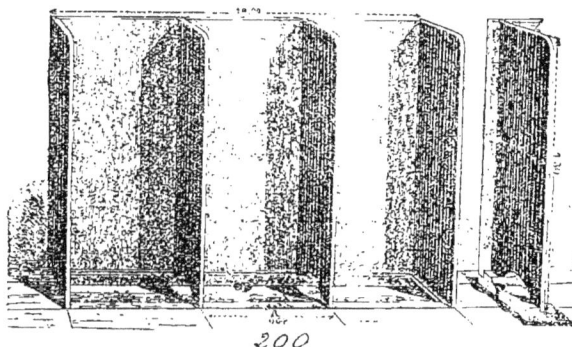

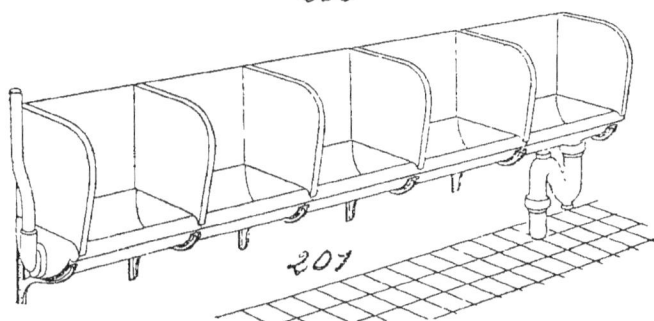

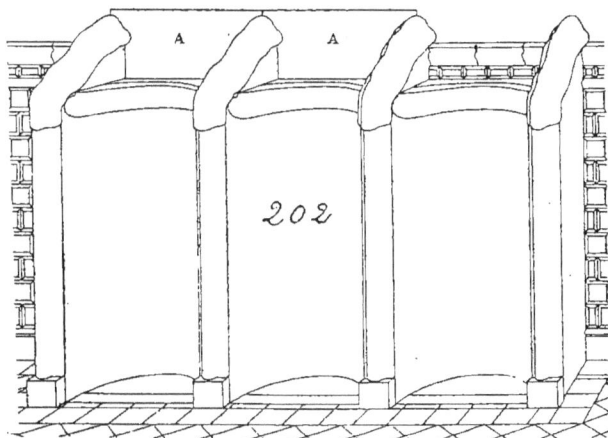

Fig. 200 à 202.

les liquides de toutes les cuvettes jusqu'au siphon et
à l'égout.

La figure 202 montre un urinoir avec stalles massives en grès de Boulogne-sur-Mer ; en haut de chaque stalle est un bassin d'eau qui déborde constamment en lavant toute la surface des stalles.

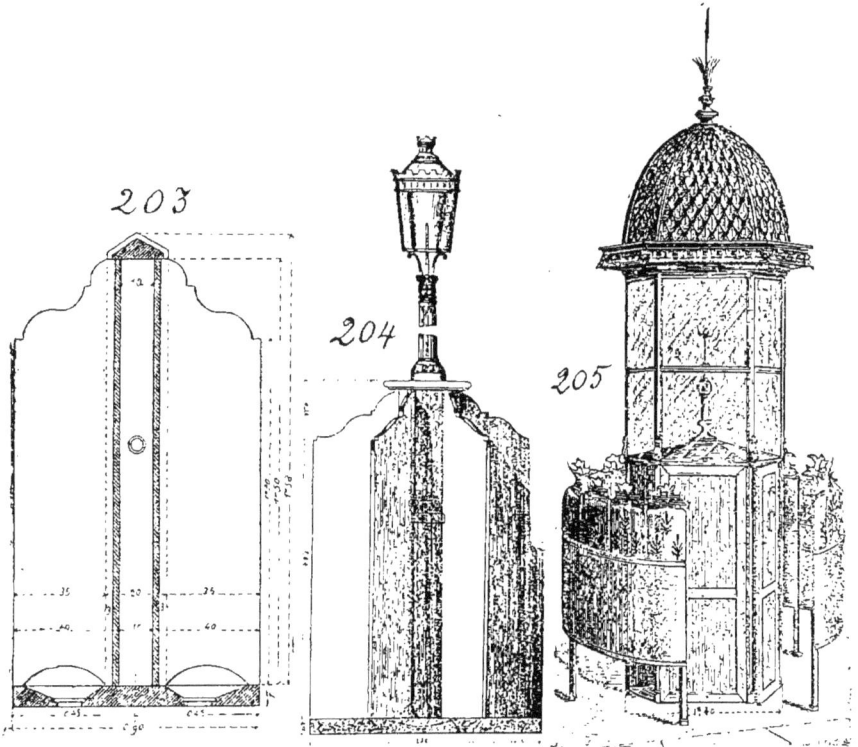

Fig. 203 à 205.

Tous ces urinoirs peuvent se faire à stalles adossées, comme le montre la figure 203.

Il faut en moyenne quatre cabinets et six urinoirs pour cent personnes et deux cabinets et deux urinoirs pour chaque centaine ou fraction de centaine supplémentaire. On doit éviter les angles, saillies, moulures qui pourraient arrêter ou conserver la poussière, de même que les boiseries qui deviennent des nids à pourriture et à insectes.

Urinoirs à couche d'huile. — Construit par M. Guéneau, à Paris, cet urinoir, représenté figure 199, se
compose d'un système de vases formant siphon dans
lequel on met de l'eau et une couche épaisse d'huile H
qui surnage l'eau dans le vase central : l'urine traverse la couche d'huile de houille ou de naphte et
s'écoule par le siphon sans pouvòir rester en contact
avec l'air.

D'après M. Guéneau, un urinoir de trois places à
effet d'eau dépense d'eau, par année, de 700 francs à
1.000 francs ; le même, à huile, ne dépensera que
16 fr. 50. La pose de cet appareil peut être faite par
n'importe quel ouvrier.

L'huile coûte 0 fr. 55 le litre ; l'urinoir coûte 50 francs
chaque place.

Urinoirs des voies publiques. — Les urinoirs à *stalles
rayonnantes* (fig. 204) conviennent aux voies publiques
larges. Un urinoir de ce genre à six places peut être
inscrit dans un cercle de 0 m. 75 de rayon ; les écrans
sont à une ou deux entrées.

Les *urinoirs-kiosques lumineux* (fig. 205) s'appli-
quent aux voies publiques très fréquentées. Ils se
font à trois stalles, avec écran en tôle, ajouré par le
haut et plein par le bas ; la partie supérieure vitrée
et éclairée à l'intérieur convient pour l'affichage diurne
et nocturne. La couverture se fait en zinc. Dans les
urinoirs à *stalles couvertes* le chéneau du kiosque est
développé de façon à servir d'abri. Ils sont à six
places avec écrans masquant les entrées.

CHAPITRE XVIII

WATER-CLOSETS

Selon les instructions de la *Commission des logements insalubres*, le cabinet d'aisance doit être *aéré* et *éclairé directement* par une baie de 24 décimètres carrés de section. Il doit avoir 1 mètre de largeur, 1 m. 20 de long et 2 m. 60 de haut. Les enduits des murs à l'intérieur doivent être faits en ciment jusqu'à la hauteur de 1 mètre au moins, le surplus peint à l'huile à base de blanc de zinc, ton clair. Les parois revêtues de carreaux de faïence sont préférables. Le sol et les sièges des cabinets d'aisances doivent être en matériaux imperméables et imputrescibles, pierre, fonte, fer, ciment, grès, etc. Le sol doit être réglé en pente de tous sens vers une goulotte disposée au bas du siège pour l'écoulement des liquides dans le tuyau de chute, au-dessus de la valve de la cuvette.

Le siège doit être à 20 centimètres au moins et 35 centimètres au plus au-dessus du sol et muni d'un appareil hermétique fonctionnant automatiquement.

Les sièges les plus simples sont en maçonnerie de moellons ou plâtras hourdés de plâtre, dans laquelle

on réserve un vide circulaire, ayant en bas le diamètre du conduit et en haut celui de l'ouverture de la
tablette en menuiserie qui recouvre ordinairement la
maçonnerie. La face supérieure de cette tablette se
place à 0 m. 40 ou 0 m. 45 au-dessus du sol. Le devant
de la maçonnerie est enduit ; avec des solins, on scelle
la tablette et on la raccorde aux murs.

Pour éloigner la lunette du mur, et rendre le siège
commode, on tient la culotte assez haute et assez
éloignée du siège pour permettre d'y embrancher un
ou plusieurs tuyaux de fonte ou de terre cuite qui se
raccordent aux cabinets des étages supérieurs.

Les expositions les plus convenables, pour les cabinets d'aisances, sont au Nord ou à l'Est.

Les anciens sièges d'aisance *communs* n'étaient
souvent qu'une simple planche percée d'un trou, ce
qui laissait remonter des odeurs infectes et attirait
les mouches. Il faut s'abstenir de l'emploi du bois dans
la construction des sièges d'aisances, car ce bois pour-
rit et se remplit de vers et d'insectes.

Le siège dit *à la turque* est un simple trou évasé,
de 0 m. 15 à 0 m. 20 de diamètre, percé dans une pierre
formant le sol du cabinet et taillée en pente, de façon
à ramener les liquides vers le trou, de chaque côté
duquel on ménage deux saillies en forme de semelles
pour poser les pieds.

La figure 206 montre un siège à la turque en fonte,
avec le *pot* conique B et une *valve à contre-poids* C
qui s'ouvre sous le poids des matières et doit se refer-
mer automatiquement.

La figure 209 est un pot en fonte pour siège à la
turque, sans valve de fermeture. Les figures 207 et
212 sont des pots à valve à contre-poids ; 207 est le
modèle du génie militaire.

Il arrive le plus souvent que ces valves se collent ou

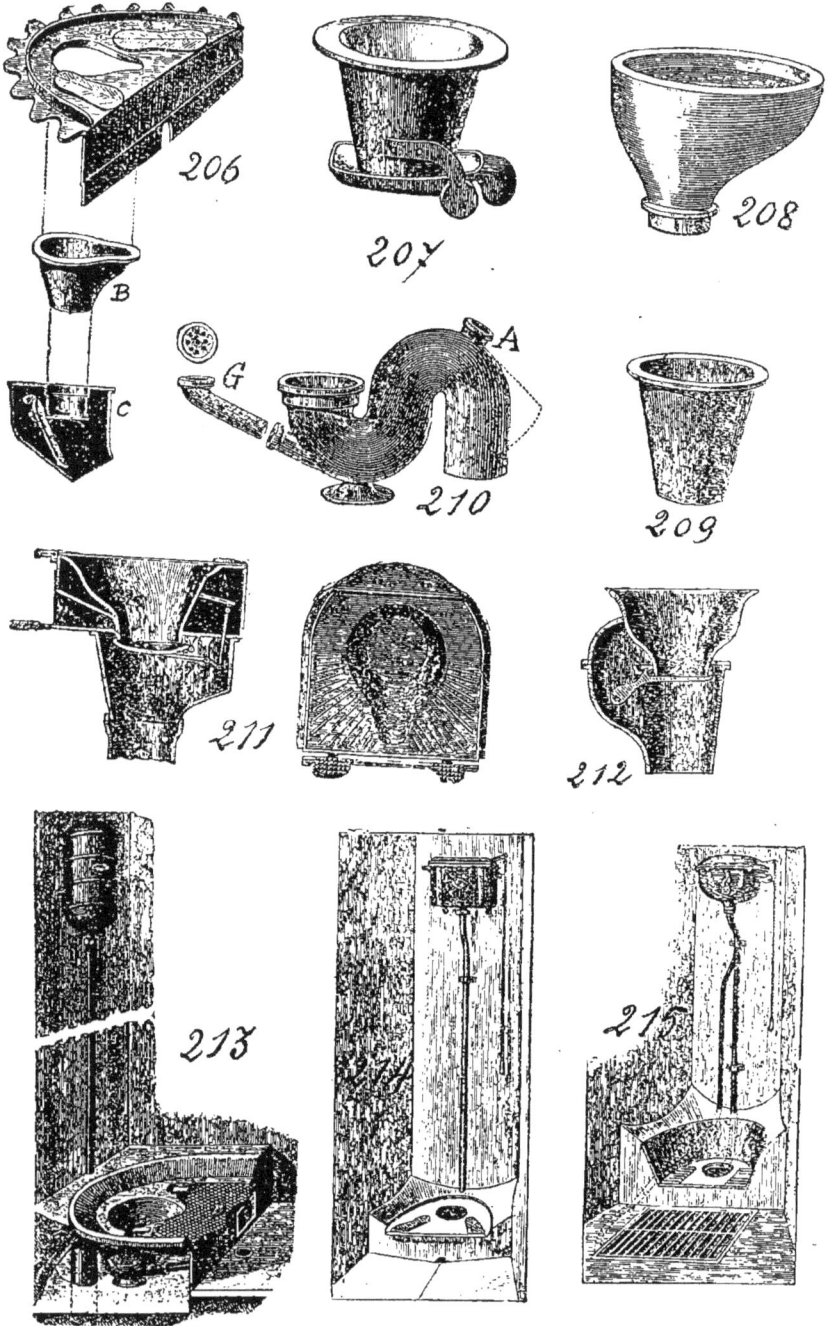

Fig. 206 à 215.

gèlent en hiver. Les pivots se corrodent et elles ne fonctionnent généralement pas, malgré qu'on fasse les pivots sur billes de verre.

Pour remédier à cet inconvénient, on fabrique des *sièges à bascule* (fig. 211 et 228) dans lesquels un mécanisme ouvre la valve quand la personne monte sur le siège, par suite de la pression ainsi opérée sur deux *pédales*. Ces mécanismes s'encrassent et se corrodent ; ils ont l'inconvénient de laisser la valve ouverte pendant tout le temps que dure la séance, ce qui laisse passer les odeurs.

La figure 208 est un pot de siège en faïence pour mettre sous une tablette en bois sur laquelle on s'assied. La figure 216 est un appareil avec valve de fermeture se manœuvrant à la main.

Appareils inodores. — Les appareils ci-dessus ne comportent pas *d'effet d'eau* et répandent des odeurs fâcheuses.

Les anciens appareils *garde-robe* à *effet d'eau* sont représentés par la figure 217 ; ils comportent une valve de fermeture en cuivre, qui se manœuvre à la main ; le nettoyage se fait avec l'eau d'un broc ou d'une cruche posée à côté du siège.

Un appareil du même genre, mais à *effet d'eau*, est représenté figure 217 ; on en voit le mécanisme sur la figure 229 (Havard). La manœuvre de la poignée ouvre la valve V et le robinet R qui laisse écouler l'eau *tangentiellement* à la cuvette, de façon que celle-ci est entièrement nettoyée.

L'eau peut être fournie par une conduite sous pression, ou bien par un réservoir en élévation, comme le montre la figure 218.

Appareils à chasse d'eau. — Les appareils sanitaires

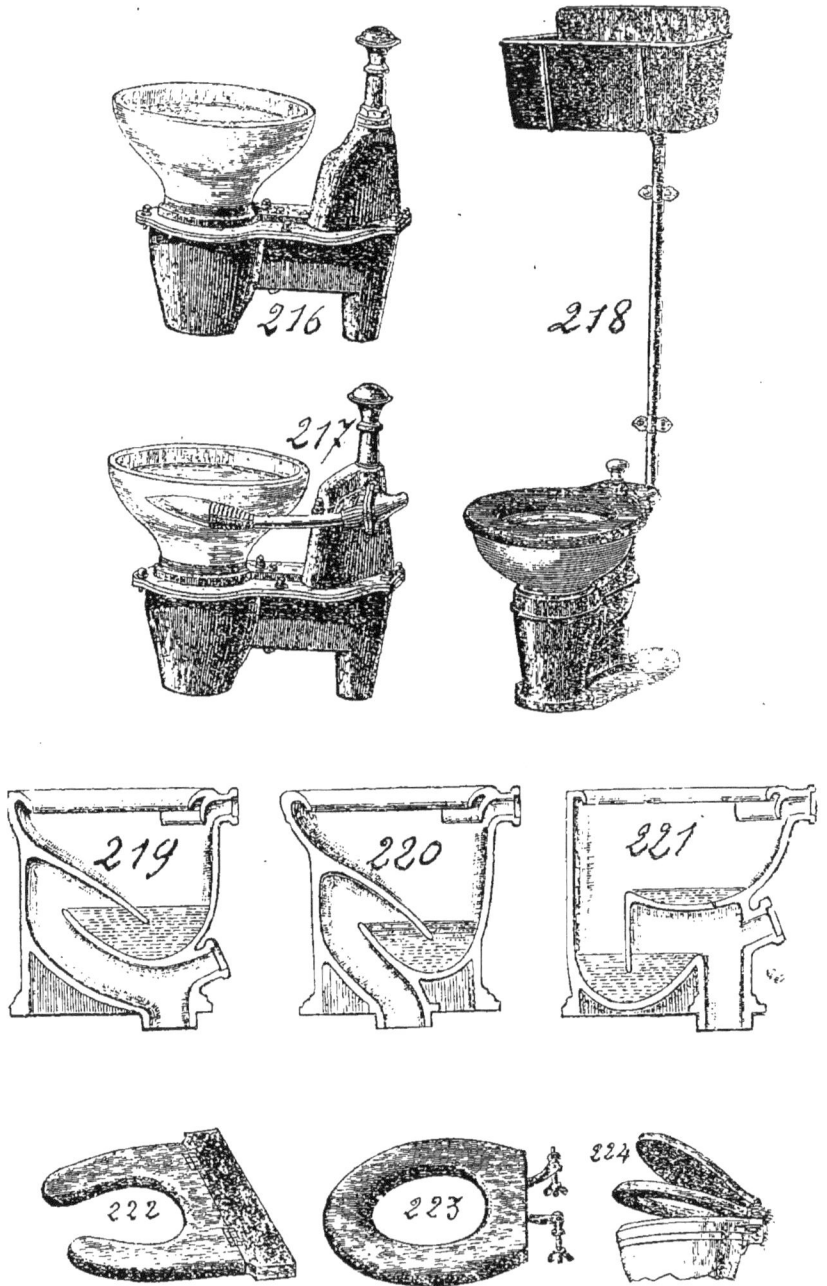

Fig. 216 à 224.

modernes comportent toujours une abondante chasse d'eau, de 5 à 10 litres par opération, et un *siphon* qui empêche totalement la remontée des gaz et odeurs.

La figure 210 montre un siphon pour *sièges à la turque* avec une *goulotte* G qui assure l'évacuation des liquides répandus sur le carrelage ou le *terrasson*, en avant du siège ; un orifice A permet l'aération du siphon.

La figure 213 montre l'installation d'un siège à bascule avec chasse d'eau automatique ; cette chasse d'eau peut soit être commandée par le mécanisme de la bascule, soit se produire de temps à autre chaque fois que le réservoir de chasse est plein (voir fig. 193). On commande quelquefois cette chasse d'eau par l'ouverture ou la fermeture de la porte d'entrée des cabinets (Doulton).

La figure 214 montre l'installation d'un siège en grès ou fonte avec chasse d'eau à tirage par chaîne.

La figure 215 est un siège avec *terrasson* à grille ; la chasse d'eau agit dans le pot de siège et envoie aussi de l'eau sous le terrasson pour évacuer les urines.

Enfin, la figure 230 montre un appareil de M. Havard frères dans lequel le récipient qui fournit la chasse d'eau, ne se remplit qu'au moment où l'on monte sur le siège, *d'où pas de crainte de gelée*.

Cet appareil fonctionne automatiquement, par le poids de la personne au moment du départ, c'est-à-dire à l'instant seulement où la chasse est nécessaire ; on est ainsi toujours assuré d'un parfait nettoyage et il n'y a pas de gaspillage d'eau.

Les sièges à la turque ne s'emploient guère que dans les cours, rez-de-chaussée, communs ou établissements publics. Dans les appartements, on installe des *cuvettes* avec siphon et siège *abattant* en bois dur, avec

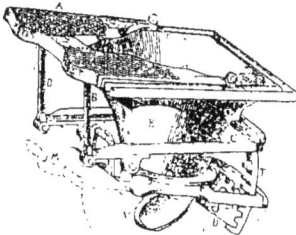
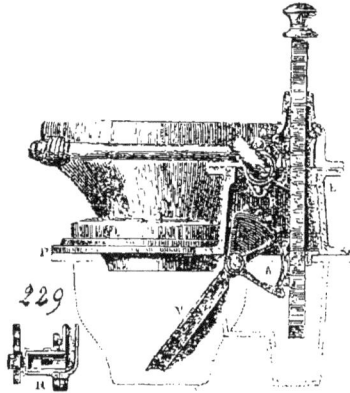

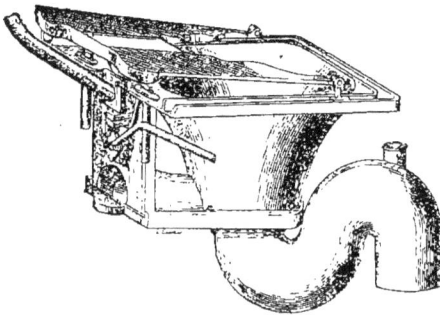
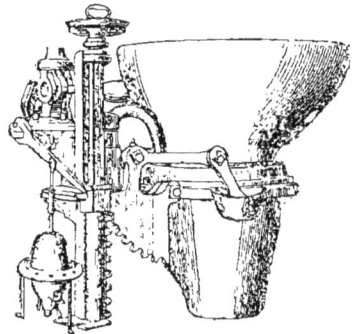

Fig. 230   Fig. 231.

chasse d'eau à tirage, telles que les montrent les figures 225, 226 et 227 (Noël Chadapaux).

Figure 225.— Appareil en deux pièces. Siphon central permettant de remplacer les anciennes garderobes par des appareils de tout à l'égout sans rien changer à la chute. Abattant ordinaire.

Figure 226. — Appareil en deux pièces. Cuvette à retenue d'eau. Abattant ordinaire.

Figure 227. — Appareil en une seule pièce à chasse directe. Abattant avec couvercle. Boîte à papier.

Les figures 219, 220 et 221 montrent les coupes des cuvettes en *une seule pièce*, les plus perfectionnées, *avec retenue d'eau* qui supprime immédiatement les odeurs des matières. Les siphons de 219 et 221 ont un orifice pour aération.

Ces cuvettes coûtent de 10 à 50 francs selon modèle et ornementation.

Devis d'installation d'une cuvette à effet d'eau.

Siège cuvette	35 fr.
Siphon en grès ...:................	6 fr.
Le même siphon en fonte émaillée	10 fr.
Réservoir de chasse à tirage de 20 à 25 litres avec chaîne et poignée	40 fr.
Tuyau de décharge en plomb de 2 mètres	20 fr.
Effet d'eau en cuivre poli.............	8 fr.
Deux colliers à scellement.............	4 fr.
Prix de l'installation	112 fr.

Les appareils ci-dessus ont l'énorme avantage de ne comporter ni bois putrescible, ni mécanisme oxydable.

MM. Havard frères construisent un appareil de garde-robe à clapet hermétique et à siphon pour le tout à l'égout représenté figure 231.

Cet appareil offre, contre les émanations du tuyau de chute, la protection d'une double fermeture : le clapet hermétique et le siphon.

Un siphon isolé perd quelquefois sa plongée d'eau par le siphonnage ou l'évaporation. Un siphon précédé d'un clapet n'est pas soumis à ce grave inconvénient.

Enfin le mécanisme, basé sur l'emploi d'un secteur denté, de grand diamètre, est très doux à faire mouvoir et permet d'employer un clapet d'un diamètre convenable.

Il coûte 170 francs avec siphon et 162 francs sans siphon.

Abattants. — La figure 222 montre un abattant fendu offrant un avantage hygiénique certain, surtout pour les lieux publics.

La figure 223 est un abattant monté sur boules et vis se posant directement dans les trous des cuvettes en faïence.

La figure 224 comporte un abattant et un couvercle ; quand on lève le couvercle, l'abattant se lève automatiquement par un ressort.

L'abattant relevé dispose la cuvette comme urinoir.

Les abattants se font en chêne, noyer ou acajou, vernis ou cirés.

Réservoirs de chasse d'eau. — Il existe un grand nombre de modèles de ces réservoirs qui reposent tous sur le même principe d'un *robinet à flotteurs* permettant le remplissage du réservoir et d'un mécanisme de déclanchement laissant toute la quantité d'eau accumulée dans le réservoir se déverser d'un seul coup dans la cuvette, d'où elle entraîne brusquement les matières à l'égout.

La figure 232 montre le mécanisme de ces appareils.

En A (fig. 232) est un réservoir en fonte contenant réglementairement un cube d'eau de 10 litres ; dans ce réservoir est un flotteur insubmersible B, muni

de son robinet C, lequel flotteur est armé d'une tige
graduée D, permettant de régler à volonté et exacte-

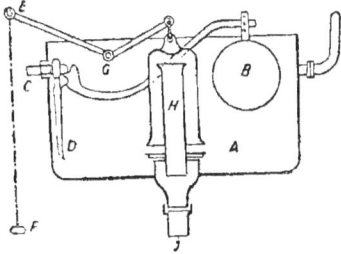

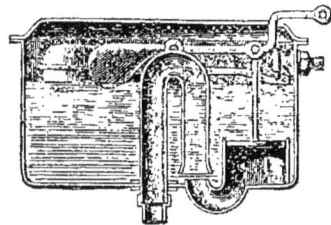

Fig. 232.   Fig. 233 et 234.

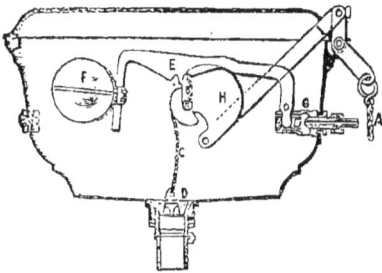
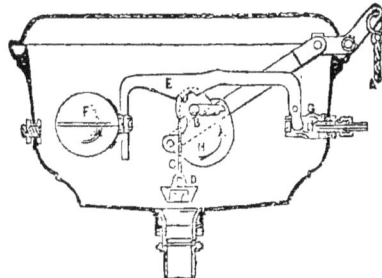

Coupe du réservoir pendant le remplissage.   *Coupe du réservoir en dehors du moment de remplissage.*

Fig. 235 et 236.

ment le débit de chasse ; en E est un levier qui, solli-
cité par la poignée de tirage F, pivote sur un bouton G
et met en action un siphon H, qui distribue l'eau en
quantité plus ou moins grande, au gré de l'opérant.
En *i*, est le tuyau d'arrivée des eaux et en *j* celui de
chasse.

Les figures 233 et 234 montrent un appareil de ce
genre construit par M. Noël Chadapaux.

Les usines de Pied-Selle font un appareil de chasse qui ne se remplit qu'au moment où l'on tire sur la chaîne (fig. 235 et 236). En voici la description :

En tirant sur la chaîne A, l'axe B tourne. Ce mouvement fait descendre la chaîne C et la bonde D qui ferme ainsi le tuyau de chasse.

En même temps, la rotation de l'axe B soulève la tige E du flotteur F, ce qui ouvre le robinet d'alimentation G. L'eau pénètre ainsi dans le réservoir qui se remplit.

La tige E du flotteur F, soulevée par l'axe B, porte un cran d'arrêt qui enclanche cet axe et l'empêche de tourner en sens inverse pendant le remplissage.

Lorsque le niveau de l'eau atteint le flotteur, celui-ci se soulève jusqu'à faire échapper le cran d'arrêt qui retient l'axe B. Aussitôt l'axe B actionné par le contre-poids H tourne sur lui-même, ce qui soulève la bonde D et produit la chasse d'eau.

A mesure que le niveau de l'eau baisse dans le réservoir, le flotteur descend, fermant graduellement le robinet d'alimentation, ce qui évite les coups de bélier.

Le réservoir, après cette chasse, est en position pour fonctionner de nouveau dès qu'on tirera la chaîne A.

Le remplissage est très rapide ; le réservoir étant *normalement vide* ne craint pas la gelée.

Les réservoirs de chasse coûtent de 25 à 60 francs selon contenance et modèle.

Pour les cabinets publics, on emploie les *réservoirs automatiques intermittents* que nous avons décrits figure 193.

Appareil Lefèvre. — C'est une cuvette dont la chasse d'eau ne comporte pas de réservoir, étant alimentée directement par l'eau sous pression qui ne pénètre

dans la cuvette qu'au moment où l'occupant quitte
le siège ; l'admission d'eau est commandée par un
système de soupapes et de pistons.

Latrines communes à effet d'eau. — La figure 237
montre l'installation du système de latrine dit « Lam-
beth » de M. Doulton ; il consiste en une série de
cuvettes solides (A) en grès, communiquant entre
elles par un collecteur de grès B.

Dans le collecteur et les cuvettes se trouve entre-
tenue une certaine quantité d'eau, à un niveau déterminé, pour les besoins du fonctionnement, et par le
moyen du trop-plein ; un seul robinet d'alimentation pour une série de cabinets et une seule soupape
de décharge (C) manœuvrant au moyen de la tige et
de la poignée D suffisent à l'entretien de la retenue et
à l'évacuation en temps opportun : l'un et l'autre sont
accessibles seulement à la personne chargée du soin
des cabinets.

La soupape de décharge est placée à l'extrémité
du collecteur, et formée d'un tuyau en fer avec siège ;
elle retient l'eau jusqu'à ce qu'elle arrive au niveau du
trop-plein. Les cuvettes sont ainsi constamment demi-
pleines et reçoivent, dans ce bain, matières et liquides ;
au moment où on lève la soupape, l'écoulement brus-
que entraîne tout dans le collecteur d'un diamètre de
0 m. 15 et les bassins sont vidés instantanément. En
baissant la soupape et ouvrant le robinet, collecteur et
bassin se remplissent de nouveau, tout prêts pour
l'usage.

En E, un siphon arrête les émanations remontant de
la chute ; en F, un tampon de dégorgement et d'ins-
pection, à fermeture hermétique, permet la visite
des tuyaux de chute.

Le prix des cuvettes en grès avec longueur de tuyau

de bassin à bassin, s'élève à 60 francs par cuvette ; la soupape en fer, avec siège, poignée et tuyaux en grès

fig 237

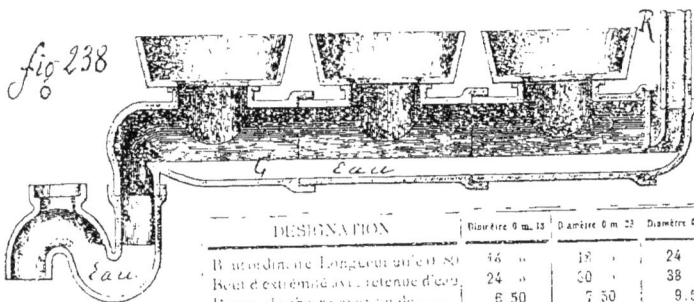

fig 238

DESIGNATION	Diamètre 0 m. 15	Diamètre 0 m. 23	Diamètre 0 m. 30
Boutonnière Longueur un en 80	16 »	18 »	24 »
Bout d'extrémité avec retenue d'eau	24 »	30 »	38 »
Plaque de chasse avec coude	6.50	7.50	9.50
Siphon diamètre 0m15	14 »	14 »	14 »

Fig. 237 et 238.

formant fourreau C, coûte 70 francs le tout, non compris la plomberie d'alimentation, tuyaux et robinets.

La figure 238 montre l'assemblage des cuvettes pour latrines de M. Chadapaux.

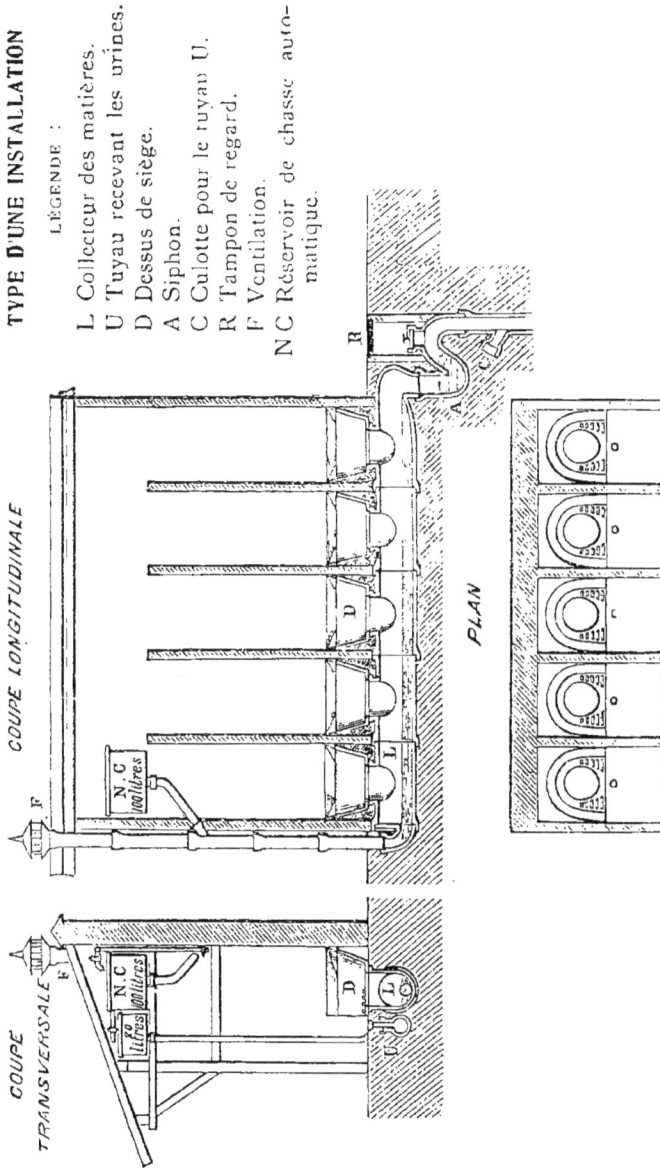

TYPE D'UNE INSTALLATION

LÉGENDE :

L Collecteur des matières.
U Tuyau recevant les urines.
D Dessus de siège.
A Siphon.
C Culotte pour le tuyau U.
R Tampon de regard.
F Ventilation.
N C Réservoir de chasse automatique.

COUPE LONGITUDINALE

PLAN

COUPE TRANSVERSALE

Fig. 239.

Les latrines de 18 centimètres ont une tubulure ronde de 0 m. 145 intérieur, sur laquelle on peut placer soit une cuvette avec abattant, soit un siège cuvette, mais il est nécessaire pour ces appareils à petit orifice d'avoir une chasse par cabinet.

Les latrines de 23 centimètres ont une tubulure ovale de 0 m. 200 × 0 m. 250 ; celles de 30 centimètres ont une tubulure ronde de 300 millimètres de diamètre. Sur ces latrines on peut poser n'importe quel modèle de siège, soit ceux à petit orifice avec effet d'eau, soit ceux à grand orifice, lesquels ne nécessitent pas de lavage individuel.

Les prix indiqués sont pour des latrines de 0 m. 80 d'axe en axe. Pour les dimensions plus grandes on peut prendre des raccords de tuyaux, des diamètres correspondants et mesurant 0 m. 20 ou 0 m. 30 de longueur utile.

La chasse d'eau se produit d'une façon *intermittente* dans le collecteur C au moyen d'un réservoir du genre de celui représenté figure 193 installé en haut de la tubulure R. La figure 239 fait voir l'installation complète des dites latrines ; il y a un réservoir de chasse de 100 litres pour le collecteur de matières solides et un de 20 litres pour le collecteur des urines.

Ce système de latrines publiques et pour agglomérations (lycées, casernes, hôpitaux, etc.) ne donne aucune odeur et fonctionne automatiquement sous le rapport de l'évacuation des matières.

CHAPITRE XIX

CONSTRUCTION DES RÉSERVOIRS D'EAU

Réservoirs en métal. — Les réservoirs en zinc ne sont acceptables que pour de très faibles contenances de quelques centaines de litres ; encore est-il nécessaires qu'ils soient soutenus extérieurement par des armatures en fer, les feuilles de zinc se déformant sous le moindre effort.

Les réservoirs en tôle de fer ou d'acier (fig. 240), d'épaisseur convenablement calculée, peuvent être adoptés quand il s'agit de contenances inférieures à 500 mètres cubes.

Il y a lieu cependant de tenir compte de la difficulté du transport et de l'installation sur place de ces pièces métalliques de poids considérable et de grand encombrement.

Les réservoirs en tôle doivent être préservés de la rouille le plus complètement possible. La rouille, en effet, détériore lentement mais sûrement les tôles, y forme des trous et diminue peu à peu la résistance générale du réservoir. On devra donc, s'il s'agit d'une installation permanente, adopter de préférence des

Petite
Installation
d'Élévation
d'Eau
réalisée dans
un faible espace,
par un groupe
moto-pompe
avec
moteur à essence
placé
dans le massif
de maçonnerie
qui supporte
le
réservoir

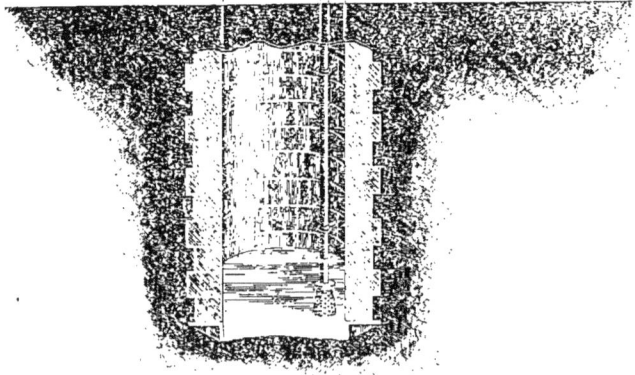

Fig. 240.

réservoirs en tôle galvanisée, c'est-à-dire recouverte d'une couche de zinc inoxydable. Autrement, ces réservoirs en tôle devront être peints au minium, deux couches, le métal gratté lors de leur installation, cette peinture étant recouverte d'une couche de peinture au goudron chaud. La peinture minium et goudron sera faite intérieurement et extérieurement. Tous les ans on devra vérifier l'état de la peinture, gratter les endroits où elle serait soulevée et éclatée, réparer ces endroits par une application de minium, deux couches, et renouveler la peinture générale au goudron. Etant bien entretenus, on voit que les réservoirs métalliques doivent durer à peu près indéfiniment, mais qu'il y a à prévoir avec eux des frais d'entretien annuels assez importants.

Ces réservoirs sont établis sur pylônes ou tours en maçonnerie, en ciment armé ou sur charpentes en bois ou en fer et encore dans les combles des bâtiments (fig. 240).

Leur surface de fond doit être entièrement soutenue par une charpente dont les poutrelles sont suffisamment rapprochées pour éviter le fléchissement du fond sous la charge d'eau. La distance de ces poutrelles dépend de l'épaisseur du fond et de la charge d'eau dans le réservoir. Elle varie généralement entre 0 m. 20 et 0 m. 40 selon la valeur des éléments ci-dessus. (Voir volume 5, calcul des poutres).

Entre les poutrelles de la charpente et les tôles de fond du réservoir on interpose des *semelles* en bois de chêne, goudronnées et entaillées à la forme des rivures, épaisseurs saillantes, etc., du fond du réservoir, qui repose d'une façon continue sur ces semelles, en évitant ainsi autant que possible le travail du fond.

Il est nécessaire que le fond en dessous et le pourtour du réservoir soient accessibles pour les soins de peinture et de nettoyage.

En hiver, il est nécessaire par les temps de forte gelée de vider les réservoirs métalliques ; en raison de la conductibilité à la chaleur du métal, l'eau risque davantage de se congeler dans ces réservoirs que dans ceux en maçonnerie, et, par suite de sa congélation, de déformer ou même de faire éclater le réservoir.

Calcul des épaisseurs des tôles de réservoirs. — Les grands réservoirs en tôle rivée ont la forme d'un cylindre, terminé à sa partie inférieure par une calotte formée d'un segment sphérique (fond bombé extérieurement).

L'effort qui tend à rompre un réservoir suivant une génératrice est exprimé par $\dfrac{p\,D}{2}$, *p* étant la pression en kilos par millimètre carré, D le diamètre du réservoir ; on a donc $e\,R = \dfrac{p\,D}{2}$, *e* étant l'épaisseur de la tôle, R la résistance du métal à la traction par millimètre carré de section, d'où

$$e = \frac{p}{2}\frac{D}{R}$$

Pour la calotte inférieure on prendra $e = \dfrac{p\,D}{4\,R}$.

La pression *p* augmente depuis le haut jusqu'au bas du réservoir ; pour le calcul de la calotte, on prendra donc la valeur maximum de *p*.

Réservoirs en maçonnerie. — Depuis les progrès de l'industrie du ciment armé, les réservoirs en maçonnerie sont à peu près abandonnés à cause de la qualité des fondations et de la grande quantité de matériaux qu'ils exigent pour offrir une solidité suffisante.

L'épaisseur à donner aux murs de ces réservoirs dépend essentiellement de la qualité des matériaux employés à leur construction et chaque cas particulier doit faire l'objet d'une étude d'architecte ou d'ingénieur compétent.

Si les murs sont bâtis à la chaux ordinaire et seulement enduits intérieurement de ciment, il est évident qu'ils doivent avoir une épaisseur bien plus considérable que s'ils sont construits en briques ou pierres à bain de ciment ou à la chaux hydraulique ; ces derniers matériaux doivent toujours être préférés, surtout si l'ouvrage doit être utilisé peu de temps après sa construction.

Quoi qu'il en soit, nous indiquerons pour l'épaisseur à la base des murs en briques ou pierres à bain de ciment Portland pour réservoirs d'eau, un tiers de la hauteur et une épaisseur au sommet de 0 m. 400, la pente étant extérieure autant que possible, et la paroi verticale du côté de l'eau. Si les murs doivent avoir de longues parties rectilignes, il sera nécessaire de construire des contreforts distants entre eux d'une longueur égale à la hauteur du soutènement.

Nous citerons pour le calcul de ces murs la formule indiquée par Navier $x = 0.59\ h \sqrt{\dfrac{1}{p}}$, dans laquelle x est l'épaisseur du mur au milieu, h la hauteur du mur, p le poids de l'unité de volume de la maçonnerie.

On peut avec grand avantage, au point de vue de la solidité et de l'économie des matériaux, *armer* les réservoirs en maçonnerie au moyen de barres ou poutrelles en fer noyées dans l'épaisseur des murs et reliées aux angles, de façon à former une série de ceintures métalliques dans toute la hauteur de l'ouvrage. Certains constructeurs relient entre eux les murs opposés des réservoirs par des *tirants* en fer solidement boulonnés sur les faces externes des murs avec des contre-plaques d'appui. Ces tirants doivent être galvanisés et peints au minium, afin d'éviter la production de la rouille. Il serait en ce cas préférable d'enrober ces tirants de fer dans une couche de ciment, de façon à constituer entre les murs des poutres de liaison en ciment armé, qui seraient à l'abri de la dilatation et de l'oxydation.

Les réservoirs en maçonnerie ne sont donc applicables, en l'état actuel de la science, que lorsqu'on dispose d'une fondation naturelle très solide et que la pierre ne coûte rien. Autrement le réservoir en béton de ciment armé devra être préféré comme plus solide et plus économique.

Réservoirs en ciment armé. — Le réservoir en béton de ciment armé ou en maçonnerie à bain de ciment armé est sans contredit supérieur à tous les autres, tant à cause de l'économie dans sa construction que pour sa légèreté, sa solidité et son homogénéité, qui seule peut supporter sans causer des fuites graves les fléchissements qui se produisent souvent dans les meilleures fondations.

Le réservoir en ciment armé est constitué par une ossature métallique en fer rond, formée de barres de fer d'épaisseur variable, avec la grandeur de l'ouvrage, depuis 5 millimètres jusqu'à 20 millimètres. Sur le pourtour du réservoir, les diamètres de ces barres se calculent en considérant l'effort de traction qu'elles subissent par le fait de la pression d'eau et sans tenir compte de la résistance du béton. Le fond est considéré comme une dalle uniformément chargée (voir volume 3). Ces armatures sont entrecroisées verticalement et horizontalement de façon à former une véri-

RÉSERVOIRS EN CIMENT PORTLAND
AVEC OSSATURE MÉTALLIQUE

TIMBRES A GLACE, FONTAINES, AQUARIUMS, JARDINIÉRES

Epaisseur des parois, 4 centimètres — Poids du m², 100 kilog

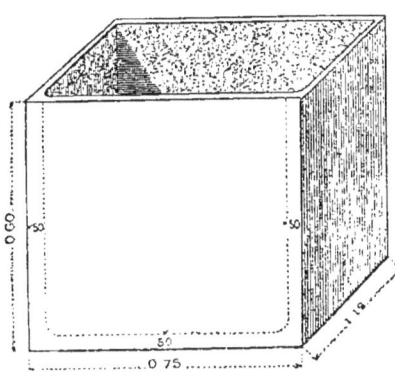

f. 241   f. 242

FORME RECTANGULAIRE   FORME CYLINDRIQUE

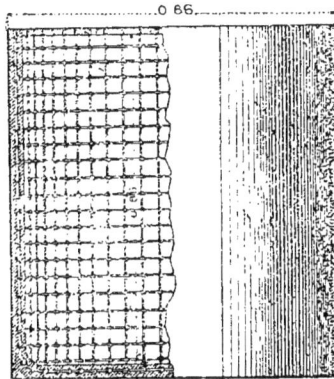

CONTE-NANCE en litres	LONG. int	LARG int	PROF. int	POIDS en kil.	PRIX de la pièce	CONTE-NANCE en litres	DIAM. int.	PROF int	POIDS en kil	PRIX de la pièce
200	0·68	0·50	0·55	170	35 »	200	0·65	0·65	170	35 »
300	0 90	0 60	0 55	220	40 »	300	0 70	0 75	210	40 »
400	0 90	0 70	0 63	260	53 »	400	0 80	0 80	255	53 »
5.0	1 12	0 75	0 60	310	60 »	500	0 86	0 86	300	60 »
600	1 15	0 85	0 61	345	80 »	600	0 90	0 95	348	80 »
700	1 15	0 85	0 72	390	90 »	700	1 »	0 92	375	90 »
800	1 15	0 85	0 80	430	100 »	800	1 »	1 05	410	100 »
900	1 20	0 90	0 83	460	110 »	900	1 05	1 06	440	110 »
1 000	1 50	1 »	0 70	500	115 »	1 000	1 10	1 10	480	115 »
1 200	1 30	1 »	0 92	550	125 »	1 200	1 10	1 27	550	125 »
1 500	1 50	1 »	1 »	650	150 »	1 500	1 20	1 30	620	150 »
2 000	1 60	1 15	1 08	780	175 »	2.000	1 25	1 75	800	175 »

Fig. 241 et 242. — (D'après M. Larmanjat-Grajon).
Ces réservoirs transportables se construisent jusqu'à 3000 litres ;
au dessus de cette contenance, ils doivent être édifiés sur place.

table cage, toutes les barres verticales étant liées avec
les cercles horizontaux au moyen de gros fil de fer
(fig. 242).

L'armature métallique ainsi constituée est noyée dans une épaisseur de béton de ciment de Portland, variable selon la résistance à obtenir, mais qui n'excède pas dix à vingt centimètres, même pour les plus fortes charges usuelles dans les réservoirs d'eau. (Voir volume 3, dosages des mortiers.)

Certains constructeurs emploient pour combler les interstices entre les barreaux de l'armature, des briques de terre cuite ou des *parpaings* de ciment, le tout étant naturellement noyé dans un bain de mortier de ciment Portland. Les parois sont ensuite enduites intérieurement et extérieurement avec du mortier de ciment fait avec du sable fin. L'épaisseur de l'enduit doit être de 1 à 3 centimètres.

Les parois des réservoirs en ciment armé peuvent avoir une forme plane ou circulaire, cette dernière étant de beaucoup préférable, au point de vue de l'économie et de la résistance.

Ces réservoirs résistent parfaitement à la gelée. On ne doit les utiliser que douze à quinze jours après leur achèvement afin de permettre au ciment d'acquérir une dureté suffisante ; pendant cette période de prise, les parois du réservoir devront être arrosées sur toute leur surface, tous les jours, afin de *nourrir* le ciment et d'empêcher une dessiccation trop prompte qui le ferait fendiller et s'écailler.

TABLE DES MATIÈRES

Orléans, Imp. H. Tessier.

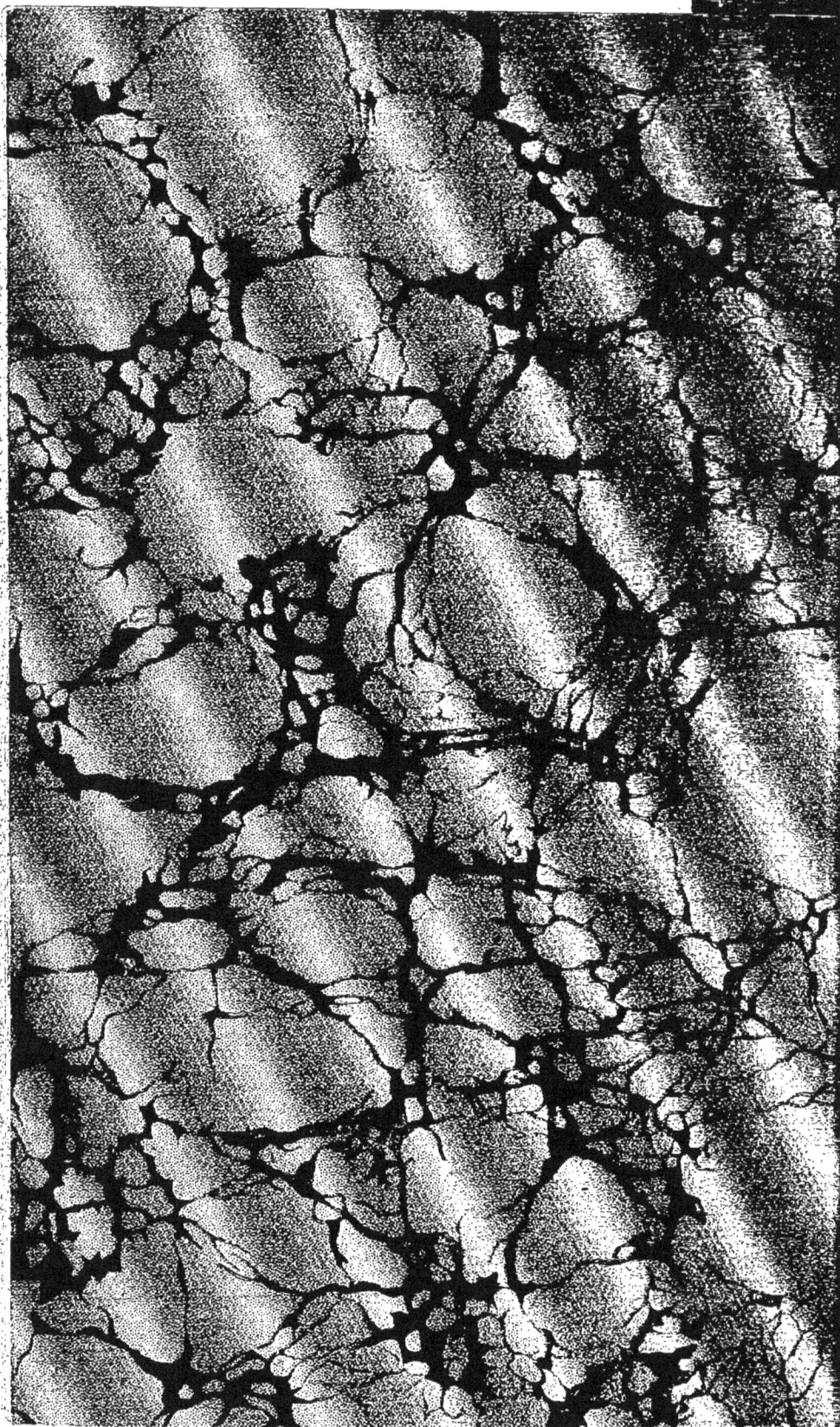

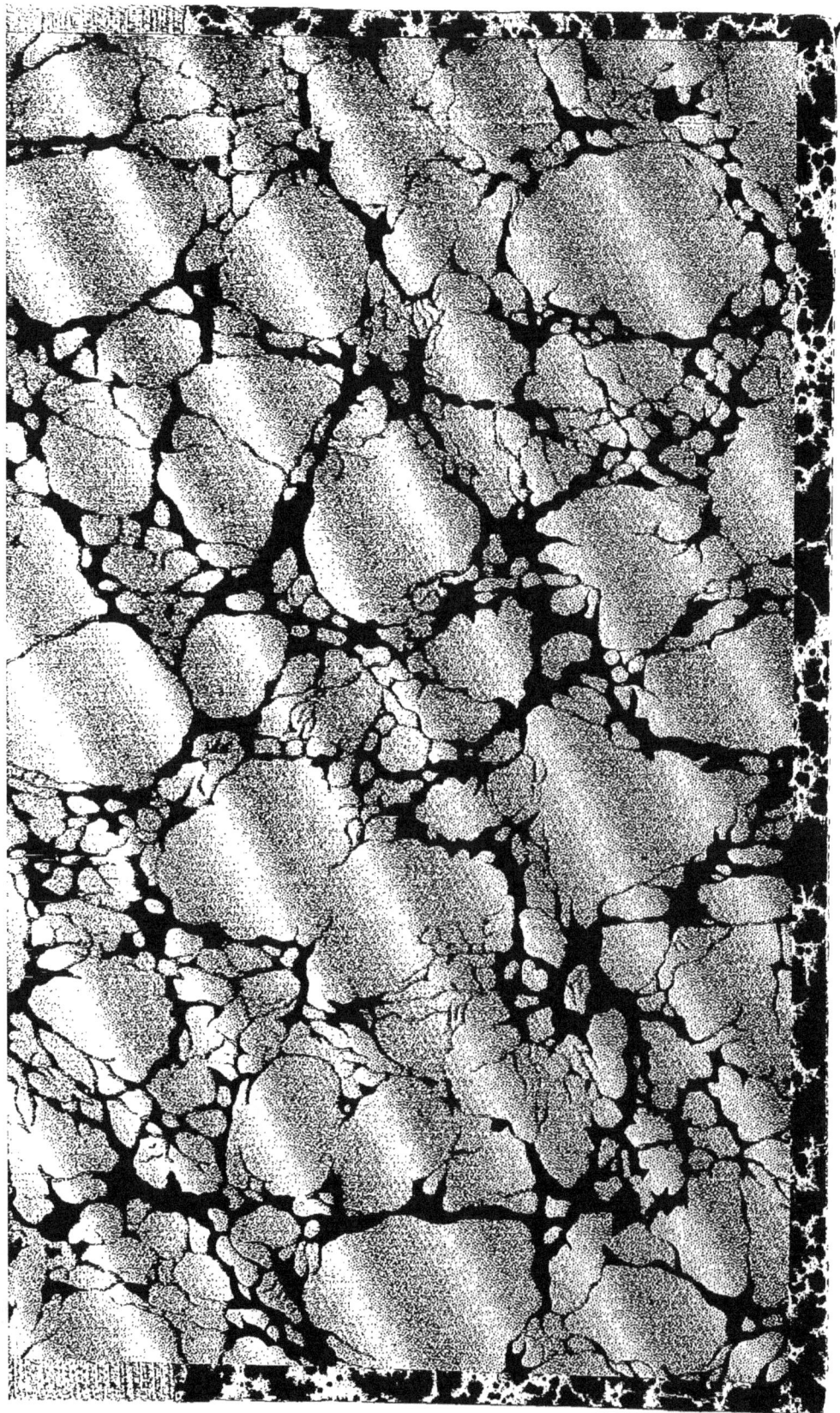

www.ingramcontent.com/pod-product-compliance
Lightning Source LLC
Chambersburg PA
CBHW050126210326
41519CB00015BA/4129